大学生
心理健康教育

主审 | 李保城

主编 | 魏华 胡伟 王伟

山东人民出版社·济南

国家一级出版社 全国百佳图书出版单位

图书在版编目（CIP）数据

大学生心理健康教育/魏华，胡伟，王伟主编．
济南 ：山东人民出版社，2024．8（2025.1重印）——
ISBN 978-7-209-15182-5

Ⅰ．B844.2

中国国家版本馆CIP数据核字第2024BW9499号

大学生心理健康教育

DAXUESHENG XINLI JIANKANG JIAOYU

魏华　胡伟　王伟　主编

主管单位　山东出版传媒股份有限公司
出版发行　山东人民出版社
出 版 人　胡长青
社　　址　济南市市中区舜耕路517号
邮　　编　250003
电　　话　总编室（0531）82098914
　　　　　市场部（0531）82098027
网　　址　http：//www.sd-book.com.cn
印　　装　日照报业印刷有限公司
经　　销　新华书店

规　　格　16开（185mm×260mm）
印　　张　16
字　　数　270千字
版　　次　2024年8月第1版
印　　次　2025年1月第2次
ISBN 978-7-209-15182-5
定　　价　39.00元
　　　　　如有印装质量问题，请与出版社总编室联系调换。

编 委 会

前言

PREFACE

在新时代的征程中，国家高度重视学生的全面发展，特别是心理健康方面，这不仅是学生健康成长的重要基石，更是培养担当民族复兴大任时代新人的必然要求。近年来，国家相继出台了一系列重要文件，为心理健康教育指明了方向，明确了目标。其中，教育部等十七部门联合印发的《全面加强和改进新时代学生心理健康工作专项行动计划（2023—2025年）》尤为引人注目，该计划强调要提升学生心理健康素养，促进学生思想道德素质、科学文化素质和身心健康素质协调发展。这不仅是国家对心理健康教育的高度重视，更是对学生的心理健康工作提出了新的更高要求。基于此，我们精心编纂了这本教材。

本教材的特色和理念主要体现在以下几个方面：

一是校企合作，贴合实际。在编写的过程中，我们充分整合了高校的教育资源与企业的实践经验，不仅引入了心理学领域的最新研究成果，还融入了企业丰富的职场经验和实际需求。通过与企业的紧密合作，我们得以深入了解职场对人才的需求，以及这些需求背后所隐含的心理健康素质要求，为大学生提供了从校园到职场无缝衔接的心理准备和策略指导。

二是内容丰富，符合大学生心理成长特点。本教材在秉承传统心理健康教育精髓的基础上，更加注重创新与实用。教材采用"专题式"编写方式，从大学生自身发展和实际需要出发，选取了与大学生心理发展密切相关的十个专题项目，包括心理健康导论、自我意识、气质与性格、情绪管理、抑郁、人际交往、恋爱及性心理、压力管理与挫折应对、生命教育、求职择业与心理健康，涵盖心理健康知识普及、心理调适技巧训练、心理困扰应对策略等方面。

三是兴趣教学，互动多样，可操作性强。教材通过案例分析、情境模拟、小组讨论和实践活动等形式，激发大学生的学习兴趣和参与度，使大学生在阅读中学习，在学习中成长。同时，重视兴趣教学法的设计和实施，在每个专题的开头设置了"课堂在线"，以心理学小游戏和活动引导大学生学会自我探索；在每个专题的结尾还设有"心海实战"和"精彩'心'赏"，使大学生能够对有趣的、与正文相关联的拓展知识有所了解，提高课堂教学质量，促进大学生实现全面发展，真正让心理课堂迸发新的生机和活力。

在本教材的编写过程中，我们还参考、借鉴了许多优秀专著和一些同仁的研究成果及资料，再次向他们表示衷心的感谢。由于编者的水平和时间有限，书中难免有疏漏及不当之处，敬请读者和专家批评指正。

目录
CONTENTS

健康成长　从"心"开始

——大学生心理健康导论

• • • 课堂 在线 • • •

活动目的

1.激发学生思考自己的价值观念，学会抓住机会，不轻易放弃。

2.帮助学生体验和澄清自己的人生态度。

活动时间

约 25 分钟。

活动道具

面值 100 元的代币（代表时间和精力）若干、不同颜色的硬纸板、拍卖槌。

活动程序

1.事前准备

将拍卖的东西（如爱情、金钱、友情、健康等）事先写在硬纸板上（最好用不同颜色），以增加拍卖的趣味性及方便拍卖进行。每样东西都设定一个起拍价，可参考如下：

拍卖品	起拍价（元）	拍卖品	起拍价（元）	拍卖品	起拍价（元）
爱情	100	亲情	300	友情	100
健康	300	美貌	100	自由	100
爱心	100	入职通知书	100	权力	200
快乐	100	聪明	200	金钱	200
良心	300	美食	100	诚信	300
孝心	300	运气	100	学识	200

2.宣布游戏规则

每个参与者手中都有 1 000 元（代币），代表了一个人一生的时间和精力。每个人可以根据自己对人生的理解随意竞买硬纸板上写的东西。每次出价都以 100 元为单位，价高者得到东西，有出价 1 000 元的，立即成交。

3.举行拍卖会

由主持人主持拍卖。按游戏规则进行，直到所有的东西都拍卖完为止。

讨论交流

拍卖结束后，组织参与者进行讨论和交流，分享他们的感受和思考。讨论内容可以包括：

你竞拍到什么东西？你为什么拍下它们？

你是否后悔你买到的东西？为什么？

在拍卖的过程中，你的心情如何？

你是否后悔在竞拍过程中参与过少？为什么？

你是否甘愿为了金钱、名望而放弃一切呢？有没有除了比上面所说的这些更值得追寻的东西呢？

活动效果

通过价值拍卖游戏，参与者能够更深入地了解自己的价值观和人生态度，认识到自己真正重视和愿意为之付出努力的事物。同时，游戏也为参与者提供了一个反思和澄清自己人生目标的机会，有助于他们在日常生活中做出更加明智和符合自己价值观的选择。

模块一

走进心灵之门：心理健康概述

能量包 ▼

小 A 是一个典型的高中尖子生，在母亲一手包办的环境中长大。高中时期，小 A 的生活几乎被学业填满，其他事务都由母亲妥善安排。进入大学以后，小 A 发现自己面对新环境、新人群无所适从。大学的生活完全不同于高中，不仅学业要求更加自主化，还要有丰富的社交和课外活动。没有母亲在身旁为他打理一切，小 A 倍感茫然和无助。

　　这种巨大的心理落差使小 A 感受到前所未有的焦虑和压力。他开始害怕与人交往，担心自己不够优秀、不能胜任各种学习任务。这种深深的自我怀疑逐渐演变成了严重的焦虑和抑郁情绪，导致他在课堂上难以集中注意力，甚至出现了一些生理上的应激反应，如失眠、胃痛。

　　随着时间的推移，小 A 的情绪问题并未得到改善，反而越发严重。他开始回避社交活动，错过了许多与同龄人交流和建立友谊的机会。学业压力叠加心理困扰，使小 A 的心理状态每况愈下，最终导致了学业成绩的下滑。

　　【扬帆起航】小 A 的故事展示出在母亲过度保护下成长的孩子在进入大学生活后容易陷入适应困境。迈入大学，适应新环境的挑战常常令人猝不及防。大学生不仅面对学习上的新要求，还需要在短时间内适应一个完全不同的生活环境。尽管他们充满勇气，但心理冲击是不可避免的。对此，我们深刻认识到，适应大学生活是一个多方面的挑战，需要从多层面共同努力。

　　在当今日益复杂和竞争激烈的社会环境中，心理健康已经成为我们不可忽视的重要话题。大学是一个人从青春期迈向成年期的重要过渡阶段，不仅仅是对青少年学术能力的考验，更是对青少年心理韧性、社交技巧和自我管理能力的综合挑战。然而，许多新生在进入大学后面临这样或那样的心理问题，适应困难尤为显著。这一阶段的心理健康状况对青少年未来的学术成就、职业发展乃至整体幸福感都有深远的影响。

一、走进心理健康

　　党的二十大报告提出，到 2035 年，我国发展的总体目标是"建成教育强国、科技强国、人才强国、文化强国、体育强国、健康中国"。"推进健康中国建设。人民健康是民族昌盛和国家强盛的重要标志。把保障人民健康放在优先发展的战略位置，完善人民健康促进政策。"

（一）心理健康的定义

　　心理健康是指个体在心理、情感、行为和社会功能等方面保持平衡和和谐的状态。这不仅仅包括没有精神障碍或疾病的一种良好状态，还包括个体能够有效应对生活中的压力，保持良好的社交关系，并实现自我价值的能力。

　　1.心理健康不仅是一种简单的无疾状态

　　世界卫生组织（WHO）在对心理健康的定义中指出："心理健康是指个体在认知、

情感和行为方面处于良好状态，能够充分发挥个人潜力，应对日常生活中的压力，工作效率高，并为社会做出贡献。"这一定义强调了心理健康的积极性和功能性方面。

2. 心理健康涵盖多个维度

主要包括情绪的稳定性、自我实现以及社会功能的有效性等。情绪的稳定性指的是个体能否保持情绪上的平衡，不轻易因外界环境而产生巨大波动。例如，高职学生在面对考试压力时，若能合理调整心态，不至于过度焦虑或抑郁，那么他们便具备了一定的情绪调适能力。

自我实现是心理健康的另一个重要维度。根据人本主义心理学家亚伯拉罕·马斯洛的观点，自我实现指的是个体能够充实和利用自身潜能，追求个人的目标和意义。对高职学生而言，自我实现可以表现为他们在职业技能和个人兴趣上不断努力，并从中获得成就感和满足感。这不仅提升了个人的生活质量，还推动了个体的全面发展。

社会功能的有效性是心理健康的第三个关键维度，这包含了个体在社交环境中的适应能力和人际关系的处理能力。高职学生在与同学、老师和社会的交往中若能表现出良好的沟通技巧、合作能力和解决冲突的技巧，则说明他们的社会适应性较好。

3. 心理健康和身体健康的关系

健康不仅仅局限于生理层面的无疾状态，还包括心理和社交功能的全面健康。心理健康与身体健康密切相关，二者相互影响，缺一不可。研究显示，良好的心理状态有助于增强免疫系统，提高个体应对和承受压力的能力，进而预防疾病。而不良的心理状态，如长期焦虑、抑郁等，可以导致免疫功能下降，甚至引发各种生理疾病，如高血压、心脏病、胃溃疡等。

与此同时，生理健康状况对心理状态也有显著影响。生理疾病会增加个人心理负担，使个体更易产生负面情绪，出现心理问题。长期的生理疾病可能导致个体的自信心下降、孤独感增加，甚至发展成抑郁症。因此，身心健康是一个整体，二者之间相互作用、相互制约。

综上所述，心理健康是一个动态的、多维度的概念，它不仅包括情绪的稳定性、自我实现和社会功能的有效性，还强调个体在面对生活中的各种压力时，应具备的内在和谐与外在适应能力。通过深入了解心理健康的基本概念，高职学生可以更好地理解和管理自己的情绪和行为，为实现全面而持久的心理健康奠定坚实的基础。

心灵成长 ▶

《"健康中国2030"
规划纲要》全文

健康中国建设主要指标

领域	指标	2015 年指标	2020 年指标	2030 年指标
健康水平	人均预期寿命（岁）	76.34	77.3	79.0
	婴儿死亡率（‰）	8.1	7.5	5.0
	5 岁以下儿童死亡率（‰）	10.7	9.5	6.0
	孕产妇死亡率（1/10 万）	20.1	18.0	12.0
	城乡居民达到《国民体质测定标准》合格以上的人数比例（%）	89.6	90.6	92.2
健康生活	居民健康素养水平（%）	10	20	30
	经常参加体育锻炼人数（亿人）	3.6（2014 年）	4.35	5.3
健康服务与保障	重大慢性病过早死亡率（%）	19.1（2013 年）	比 2015 年降低 10%	比 2015 年降低 30%
	每千常住人口执业（助理）医师数（人）	2.2	2.5	3.0
	个人卫生支出占卫生总费用的比重（%）	29.3	28 左右	25 左右
健康环境	地级及以上城市空气质量优良天数比率（%）	76.7	> 80	持续改善
	地表水质量达到或好于Ⅲ类水体比例（%）	66	> 70	持续改善
健康产业	健康服务业总规模（万亿元）	−	> 8	16

二、心理健康的特点

（一）相对性

心理健康是一个重要且复杂的概念，它并不是固定不变的，而是在时间、空间和环境中不断变化的。心理健康不应是单一的、静态的状态，而是面临多种因素的权衡与平衡。每一个人和每一个社会群体对心理健康的理解和衡量标准都是不同的，因此，心理健康具有高度的相对性。

（二）动态性

心理健康的另一个重要特点是其动态性。心理健康不是一成不变的，而是随着时间和各种因素的变化而不断波动的。不同的生命阶段、经验和环境因素都会对一个人的心理健康产生显著影响。

趣味心理

大一时，小张刚离开父母和熟悉的环境，进入一个完全陌生的校园。起初，他感到极度孤独和焦虑，经常失眠和情绪低落。在那个阶段，他的心理健康状态显然处于低谷。然而，随着时间的推移，他逐渐适应了大学生活，结交了很多新朋友，参加了各种社团活动。通过这些渠道，他不仅找到了自己的兴趣爱好，还建立了稳定的社交圈子。这段时间里，小张的心理健康状态显著改善，他变得更加自信和快乐，睡眠质量也得到了提升。

与小张不同的是，小玲在进入大学后的心理状态经历了一次极大的波动。初入大学的她满怀干劲和激情，表现出极高的学习和社交能力。然而，随着时间的推移，她逐渐发现自己面临的压力越来越大，需要不断应对新知识的学习和复杂的人际关系。特别是在参加社团活动时，小玲开始感到无力和焦虑。她经常睡眠不足和体力透支，心理健康状态也因此急剧下降。幸运的是，在老师和同学的帮助下，小玲开始学会调节自己的工作节奏，分清轻重缓急，并通过运动和兴趣爱好来减压，最终她重新找回了心理平衡。

这两个案例显示了心理状态的动态特征——它可能随着时间的变化而不断波动，并且受到个人和环境因素的影响。心理健康不是一成不变的，而是一个不断变化和适应的过程。

（三）连续性

心理健康并非简单的"有"或"无"的状态，而是一个连续谱系。这个谱系从极度健康到严重不健康之间存在多个中间状态,而这些中间状态反映了个体在不同情境下的心理健康水平。在这一连续谱系上,个体的心理健康状态可以随着内外部因素的变化而进行调整。

不同个体在面对不同压力源和挑战时,会有不同的反应和适应过程。正如心理学教授弗兰克所言:"心理健康不是对立的两极,而是一条丰富多彩的光谱,其中每一种颜色都在表达个体面对生活的独特反应。"

三、大学生心理健康的标准

在当今社会,大学生的心理健康已经成为教育工作者和社会各界广泛关注的焦点。作为社会的未来栋梁,大学生在面临学业、就业、人际关系等的各类压力时,更需要心理健康的支撑。那么,大学生心理健康的具体标准是什么呢?根据心理学研究和实践经验,可以从以下几个方面进行衡量和评估。

（一）正确认识自我,接纳自我

心理健康的大学生能感到自身存在的价值,他们不仅能够积极探索、了解自我,还能欣然接受自我。他们对自己的能力、性格以及优缺点有清晰而客观的认知,他们不苛求、不苛责,也不过分期待,总是以平常心的心态面对自己。这样的大学生努力挖掘和发展自己的潜力,面对不可弥补的缺陷时也能从容应对,保持心态平和与内心淡定。他们不仅能处理好个人的情感和心理负担,还能将这种自知与自信扩展到与他人的互动中,通过建立健康的人际关系,为步入社会做好充分的准备。这种心理状态为个人的发展提供坚实的基础,同时也促进大学生在学术与生活中的全面进步。

（二）热爱生活,对求知保持浓厚的兴趣

热爱生活的人通常对知识有着持久的热情。他们不仅在日常生活中充满活力,更在探索知识的道路上孜孜以求。无论是追求学术领域的真理,还是在日常琐事中发现新知,他们总是充满好奇与渴望。通过积极参与各种学习活动,不断扩展自己的视野,他们不仅享受生活的每一个瞬间,还通过知识的积累和应用,使生活更加充实和有意义。这种求知精神,让他们保持了一颗年轻的心,勇敢迎接生活中的每一个挑战和机遇,从而在精神和智力上不断成长。

（三）能稳定情绪,心境良好

这是心理健康的重要标志之一。情绪稳定的大学生能够有效识别和管理自己的情绪,不会因为偶尔的挫折和挑战而陷入长时间的消极状态。在面对失败和压力时,他们能够采取积极的应对方式，而不是沉浸在负面情绪中。这种情绪稳定性在不同文化背景和个体经历中可能有所不同，但总体上，他们能够在情感表达与抑制之间找到平衡。

情绪波动对心理健康有着深远的影响。频繁而剧烈的情绪波动可能使个体感到疲惫，并削弱其应对压力的能力。例如，一位名叫小刘的大学生每逢临近考试时，就会变得极度焦虑，食不知味，夜不能寐。这种状态不仅影响了他的身体健康，还严重降低了他的学习效率。通过情绪日志记录，小刘发现自己在考试临近时的情绪波动明显加剧，而平时的情绪相对稳定。通过心理咨询和自我调节，小张逐步学会了情绪管理，减少了考试前的焦虑情绪，提升了整体学业表现。

（四）拥有健全的意志

意志是人类在自主设定目标并支配行为，战胜困难，从而实现目标的心理过程。意志健全的人在行动上展现出高度的自觉性。然而，有些人常在决策时犹豫不决，工作计划混乱不堪，行为举止粗鲁无礼，情绪爆发难以控制，生活作风贪图享乐，工作表现平平。这些问题并非纯粹认知或情感上的障碍，而主要是意志方面的问题。意志作为一种特殊的情感形式，专注于行为活动，是人类独有的心理活动。人类能够展现出高度的主动性和创造性，是与其他低等动物的根本区别。

意志健全的大学生在各种活动中都能够自觉明确目的，适时做出决策，并采用切实有效的办法来解决遇到的各种问题。在面对困难和挫折时，他们能够采取合理的应对方式，控制自己的情绪和言行，保持长时间的专注，以实现既定目标，进而克服盲从和放纵的倾向。

（五）乐于交往，接受他人

心理学将人际关系定义为人们在互动中所建立的直接心理联系。这个广义的概念涵盖了各种形式的人际交往，包括亲属关系、友谊、同学关系、师生关系、雇佣关系、战友关系，以及同事和上下级关系等。作为社会动物，每个人都有独特的思想、背景、态度、性格、行为模式和价值观。然而，人际关系对每个人的情绪、生活、工作以及组织氛围、沟通、运作和效率都有深远的影响。

心理健康的人不仅能够接受并欣赏自己，也能接受并欣赏他人，从而建立和谐的人际关系。他们在家庭、学校和社会生活中具有较强的适应能力，能够很好地融入集体，处理好合作与竞争的关系。他们不仅能享受与朋友相聚的快乐，也能在独处时感到舒适。他们在人际交往中能保持独立和完整的人格，清楚地认识到自己和他人的优缺点。

模块二

揭秘障碍心理：常见心理问题

能量包 ▼

小磊刚进入大学时觉得孤独，几个月后的某天他突然觉得生活失去了意义，内心仿佛被一片厚重的阴云笼罩，难以驱散。这种状态日复一日地持续着，他的眼神变得黯淡无光，曾经的兴趣与爱好也逐渐被消磨殆尽。他不再阅读自己热爱的书籍，也放弃了曾经乐此不疲的绘画和运动。课堂上，他时常陷入神游，难以集中注意力，学习成绩也明显下滑。

他越来越频繁地逃课，甚至装病缺席重要的考试。与此同时，他的饮食和作息也变得不规律，经常凌晨才入睡，第二天中午才起床，整个人显得憔悴和疲惫。面对镜子中的自己，小磊既陌生又无力，他不知道该如何摆脱这种无尽的低迷与困顿。

于是，他开始寻找在虚拟世界中的存在感，沉迷于网络游戏和社交媒体，希望通过这些短暂的逃避来感受一丝活力和存在的意义。然而，每当下线后，现实的失落感便更加沉重地袭来，令他倍感空虚。即使在虚拟世界里，人们的欢笑和交流也逐渐令他感到格格不入。

在这些矛盾与挣扎的夹缝中，小磊对未来愈发迷茫。无数个失眠的夜晚，他躺在床上睁着眼睛，思考着生活的意义以及自己存在的价值。这样的孤独与自我封闭，让他逐渐与外界隔离开来。他渴望改变，却又不知道何处可以找到指引他走出这片阴霾的光亮。

【扬帆起航】步入大学，意味着更多的自由与选择，却也伴随着新的挑战和压力。许多大学生在这个阶段面临着成长的阵痛，心理问题的发生并非罕见，但如果不加以重视和处理，可能会对学业和生活产生深远的负面影响。

大学阶段是一个人一生中非常重要的成长时期。在这一阶段，大学生不仅仅在知识和技能上获得显著提升，也在心理上经历了巨大的变化和发展。面对学术压力、职业前景、社交关系以及自我认同等多方面的挑战，大学生的心理发展呈现出许多独特的特点。

一、高职生心理发展的特点

（一）自我认同与身份认同

1. 自我认同的形成

高职生离开原有的家庭环境，开始独立生活。这一转变促使他们重新思考自己的身份和价值观。心理学家爱利克·艾里克森（Erik Erikson）认为，青年期（约 18～24 岁）是建立"自我认同"的关键期。大学阶段的种种经历，不论是学术上还是社交上，都在不断塑造自我认同。

高职教育在一定程度上被认为是"次等选择"，这使得部分学生在接受高职教育的过程中产生疑问和自卑感，影响他们的心理健康和学习态度。这种自我认同感的危机，实际上是多方面因素共同作用的结果。除了社会对高职教育的偏见外，家庭和个人的期待也对学生产生了巨大影响。一些学生可能因为未能进入本科院校，而对自己失去信心；还有些学生在比较中感到自己缺乏优势，进一步削弱了自我认同感。

面对这样的困境，学生应树立正确的价值观，认清高职教育的意义和作用。高职教育同样能够培养出高素质、高技能的人才。学校应加强心理辅导和职业引导，帮助学生建立自信，找到自己的发展方向。

通过各种社团活动、课程学习和社会实践，大学生们逐渐明确自己在社会中的定位，找到自己的兴趣点和职业方向。这一过程可能充满挑战，但也是自我成长的重要环节。

2. 身份认同的多样性

当代大学生的身份认同比以往任何时候都来得复杂和多样化。全球化和信息技术的发展打破了传统社会结构，带来了多元文化的交融。大学生们接触到不同的价值观念和生活方式，从而在认同自我时需要面对更多选择。

这种多元化的身份认同不仅丰富了个人的内心世界，同时也加大了心理调适的难度。大学生需要学会在多样的身份中找到平衡，既不迷失自我，又能够包容和接纳他人。

（二）影响因素的多样性

1. 师生互动的质量

高职学生的心理发展很大程度上受到师生互动质量的影响。良好的师生关系不仅可以帮助学生更好地理解和掌握专业知识，还能为学生提供情感和心理上的支持。高职院校应注重教师的培训，提升其在心理辅导方面的能力和意识。

2. 同伴关系的支持

同伴关系在大学生心理发展中起到不可或缺的作用。高职学生在学习、生活中需要与同伴相互协作、分享经验。积极的同伴关系可以提供情感支持，增强归属感和集体认同，从而减轻心理压力和孤独感。

3. 校园文化与环境

校园文化与环境对大学生心理发展产生深远的影响。多元化、包容性强的校园氛围能够促进学生心理的健康发展。高职院校应努力营造积极向上的校园文化，鼓励学生参与各类社团活动，增强其归属感和成就感。

（三）面临学业与就业的双重压力

高职学生面临的主要压力来源于学业和就业。从学业方面来看，高职教育倾向于职业技能培训，强调实际操作能力，这使得学生需要花费大量时间和精力来掌握技术细节。然而，由于高职教育的特殊性，很多学生常常感到理论知识薄弱，对未来职场需求的理解不够深刻，容易出现学习焦虑。

就业方面，职场竞争激烈，学生的就业焦虑显得尤为严重。现代社会对学历的偏见使得高职学生在求职过程中常常处于劣势，这种现实导致不少学生在毕业前夕陷入深深的焦虑和恐慌之中。

克服学业与就业压力的办法在于合理规划和自我管理。建议学生在学业上制订详尽的学习计划，做到理论与实践相结合；就业方面，应尽早规划职业发展路径，积累实习和兼职经验，以增强自己的竞争力。

（四）独立性的增强与依赖性的平衡

高职学生由于其年龄和所处环境，往往在实践课程或实习环节中会有更多的自主管理权和决策权。这一过程中，学生的独立性逐渐增强。然而，过度的独立可能导致一些问题。例如，生活技能不够多的学生可能会在经济管理、时间规划等方面遇到困扰。

反之，部分学生在面临困难时可能依赖父母或导师，未能有效地培养独立解决问题的能力。高职教育应注重培养学生的独立性与应对现实问题的能力，以实现其心理上的真正成熟。

（五）易于接受新事物，但判断力尚待完善

高职生对新事物充满好奇，对周围事物和环境很敏感，在精神方面有很多需求，渴望拥有丰富多彩的生活，向往未来，希望取得成就以证明自己。但在现实经验积累还不够充分的情况下，他们有可能脱离实际，迷失自我，相信似是而非的"新潮流"，迷信错误的"新知识"。

二、大学生常见的发展性心理问题

（一）学业压力与焦虑

学业压力是高职学生中最常见的心理问题之一。许多高职学生在高考失利后选择了高职教育，内心可能已有一定的挫败感。同时，高职课程设置与传统大学有所不同，实践与理论兼顾，但部分学生对实践课程不熟悉，尤其是在实习期间，可能会产生焦虑。这种焦虑不仅源自对未知任务的恐惧，还包含对未来就业的担忧。

（二）自我认同与角色混乱

自我认同是一种对自我独特性和连续性的认识与理解。高职学生在探索职业方向和个人发展时，容易产生自我认同危机。一方面，他们需要适应和接受自己的选择；另一方面，他们需要面对社会和家庭对自己未来的期望。这种矛盾可能导致角色混乱，进而影响心理健康。

（三）社交恐惧与人际关系问题

高职学生大多家庭背景不同，许多人在进入新的学习环境后，需要重新建立人际关系。部分学生由于性格内向、自信心不足或缺乏社交技巧，可能难以适应新的社交环境，产生社交障碍。这种障碍如果长期存在，可能导致孤独感、抑郁等问题。

高职学生往往需要在学校内外处理复杂的人际关系。其中，社交恐惧和不善于交际是较为突出的心理问题。社交恐惧症，即在社交场景中感到过度紧张和恐惧，影响到学业和日常生活。这种社交恐惧可能源于学生在学校内外交友不顺、与老师和同学互动不佳，乃至在实习过程中遭遇到的挫折。长时间的恐惧和回避行为会加剧心理问题，进而影响身心健康。

建议学生首先要正视社交恐惧，勇敢面对和承认自己在社交中存在的问题。学校可以开设社交技能培训课程，通过角色扮演和情景模拟等方式，提高学生的社交能力。同时，心理辅导也是有效的方法，能够帮助学生探索并克服深层次的心理障碍。

（四）情感问题

情感问题也是高职学生常见的心理问题之一。大学阶段是情感经历的高发期，友情、爱情、亲情等各种情感关系交织在一起，对学生的心理产生深远影响。情感问题如果处理不当，容易引发抑郁、焦虑等心理问题，甚至影响学业和生活。

首先，情感问题的处理需借助家庭和朋友的支持。一个良好的家庭环境和稳定的朋友关系能为学生提供坚实的心理支持。其次，学校应开设心理健康课程，引导学生树立健康的情感观。在面对恋爱问题时，学生应理性对待，避免过度依赖或沉溺于情感关系中，影响自我发展。

（五）网络成瘾

随着互联网技术的普及，网络成瘾问题在高职学生中普遍存在。过度依赖网络娱乐、沉迷于网络游戏和社交媒体，会严重影响学生的学习、生活和人际关系，甚至会导致心理问题。

网络成瘾的背后往往隐藏着逃避现实问题的倾向。学生应该学会自我管理，合理安排时间，避免沉迷于虚拟世界。学校可以组织相关讲座和活动，增强学生的网络自控能力。同时，心理咨询服务也能够帮助学生找到问题根源，制定合理的应对方案。

总之，高职学生的心理问题不仅仅是他们个人的困扰，更是整个教育和社会系统共同面对的挑战。只有通过多方面的努力，包括学校的支持、家庭的关爱和学生的自我调节，才能有效应对这些问题，帮助高职学生健康成长，走向美好的未来。

三、大学生常见的障碍性心理问题

（一）心境障碍

情绪是人类日常生活中不可或缺的一部分，无论是喜悦、愤怒、悲伤还是恐惧，它们都是我们对周围环境和事件的自然反应。然而，当情绪波动变得过于频繁或极端，甚至影响到日常生活和人际交往时，就有可能涉及一种被称为"心境障碍"的精神健康问题。高职学生正值人生的关键转折点，了解并认识心境障碍尤为必要。

心境障碍（Mood Disorders）是一种心理健康问题，其特点是情绪的显著变化，包括抑郁和躁狂等状态。根据美国精神病学协会发布的《精神障碍诊断与统计手册》（DSM-5），心境障碍主要分为抑郁障碍（如重度抑郁症）和双相障碍（如双相情感障碍）。这些障碍不仅影响情绪，还可能对思维、行为和身体健康产生广泛影响。

1. 抑郁障碍

抑郁障碍是最常见的心境障碍之一，其特征包括持久的悲伤情绪、对日常活动失去兴趣、疲劳、食欲变化、睡眠问题和消极自杀念头等。据世界卫生组织统计，全球有超过 2.64 亿人受到抑郁症的影响。抑郁障碍的影响因素有以下三个：

（1）生物因素：研究表明，抑郁症可能与脑内化学物质的不平衡有关，特别是 5-

羟色胺（5-HT）、去甲肾上腺素和多巴胺等神经递质。

（2）遗传因素：家族中有抑郁症史的人更有可能患上抑郁症，这表明遗传可能在其中起到重要作用。

（3）心理社会因素：童年创伤、长期压力、生活事件（如失业、离婚）等都可能成为抑郁症的诱因。

对高职学生来说，学业压力、就业压力、人际关系问题等都是潜在的风险因素。

2. 双相障碍

双相障碍，又称躁郁症，特征是指在抑郁和躁狂（或轻躁狂）之间交替的症状。躁狂状态包括情绪高涨、精力充沛、思维飞越和鲁莽行为等。双相障碍的病因和机制迄今未完全明确，但一般认为可能与以下因素有关。

（1）遗传因素：家族中有双相障碍史的人，其患病风险明显高于普通人群。

（2）生物因素：如脑部功能和结构的变化，神经递质的不平衡等。

（3）环境因素：重大生活事件、长期压力等可能是诱发因素。

（二）神经症

神经症（Neurosis）是心理学和精神病学领域一个广泛而重要的概念，与我们的日常生活息息相关。它不仅仅是一个医学术语，更是许多人在压力和焦虑中切身体验到的一种心理状态。神经症是以慢性焦虑、恐惧、压抑等为主要症状的心理障碍，这些症状通常不会造成严重的社会功能丧失，却对个体的生活质量产生显著的负面影响。与精神病（Psychosis）不同，神经症患者通常没有心理失常或失去现实感知的严重症状，他们能够区分现实与非现实，但依然深受各种疼痛和不适感困扰。

1. 焦虑症

焦虑是神经症最典型的表现之一。焦虑可以表现为持续的担忧、紧张和恐惧。这些情绪往往与实际危险或威胁不相符。对于高职学生来说，这种焦虑可能来源于学业压力、人际关系以及未来的不确定性。一部分学生在紧张的学业压力或是人际冲突下，会出现明显的焦虑症状，如心慌、出汗、呼吸困难等。

2. 强迫行为

强迫行为是指个体重复某些特定的行为或思维，以减轻由此引发的焦虑感。即便这些行为或思维被当事人明确地意识到是不合理的，但他们仍无法停止。例如，有些学生可能会反复检查某项作业是否完成，或者对某些特定事项始终无法放下心来，导致反复思考和焦虑。

3. 身体症状

神经症不仅仅是心理层面的影响，许多患者还会表现出身体上的症状，如头痛、胃痛、失眠、心悸等。这些身体症状往往没有明确的生理病因，却与心理状态密切相关。特别是在临近考试时，一些学生可能会因为过度紧张而出现生理不适，影响到正常的学习和生活。

4. 恐惧症

恐惧症是指对特定事物或情境产生极度、不合理的恐惧。对于高职学生来说，这种恐惧可能表现在对考试、特定场所或者某些特定活动的恐惧上。这些恐惧虽然没有实际的危险性，却会让学生无法正常参与学习和活动。

5. 精神分裂症

精神分裂症（Schizophrenia）是一种严重的精神疾病，影响大约全球人口的1%。该疾病主要以幻觉、妄想、无序思维以及社交功能的严重退化为特征。精神分裂症病人的认知、行为和情感上均会出现明显的异常，从而严重影响日常生活和工作。具体而言，精神分裂症的主要症状可以分为以下几类：正性症状，包括幻觉（如听见不存在的声音）、妄想（如认为自己受到迫害或拥有特殊能力）；负性症状，表现为情感上的平淡、缺乏动机、社交退缩等；认知症状，包括注意力不集中、记忆力减退和决策困难等。这些症状的存在使精神分裂症患者在日常生活中面临着重重挑战，无法简单通过意志力或单纯的心理调节来克服。

精神分裂症作为一种复杂的精神疾病，其研究和治疗还有许多未知的领域需要探索。高职学生作为未来的社会中坚力量，有责任也有义务去了解和关注这一重要的心理健康问题。只有通过科学的认知和积极的态度，才能更好地关爱自己和身边的人，构建一个更加健康、和谐的社会。

模块三

常见心理调适：培养健康心理

能量包 ▼

小敏是一个高职院校的学生，家庭经济状况普通。虽不是学霸，可她在专业技术课上表现突出。起初，小敏对未来充满信心，期望通过掌握一技之长来改善生活。然而，进入大一第二学期后，小敏开始感到莫名的焦虑和压力，特别是在工学结合的实践课程中，她觉得自己比不过同组的男生，因而逐渐丧失了自信。

与此同时，家庭的负担也让她倍感压力。父母年迈，家庭收入有限，小敏深知自己必须尽快就业以减轻家庭负担。这样的双重压力，使她逐渐陷入恶性循环。她无法专注于学习，成绩逐渐下滑，这进一步加重了她的心理负担。

一次偶然的机会，小敏在心理健康教育课程中，听到关于焦虑症的讲解，她突然明白了自己的症状，需要专业的心理疏导。然而，由于缺乏信任和安全感，她并未立刻寻求帮助，而是继续在心理障碍中苦苦挣扎。直到有一天，她在朋友的陪同下，走进了学校的心理咨询室。

【扬帆起航】小敏的故事或许只是众多高职学生中的一个缩影，但它展现了心理健康问题的普遍性和紧迫性。复杂且多层面的大学生心理健康课题，需要学校、家庭和社会的共同关注与努力。只有从源头抓起，加强心理健康教育，建立有效的支持体系，才能真正帮助高职学生走出心理困境，轻装上阵，迎接未来的挑战。

在信息化飞速发展的今天，社会环境日新月异，科技不断进步，与之相应的，是心理健康成为新时代对大学生发展的急切要求。大学生作为社会的中坚力量，未来承担着推动社会进步的重要责任，因此，他们不仅需要专业知识和技能，更需要强大的心理素质来应对快速变化的社会环境。

一、促进大学生心理健康的意义

（一）心理健康是信息洪流中的明灯

现代社会的信息爆炸现象无一例外地影响着每一位大学生。随时获取大量信息的能力，已经成为现代教育的重要目标之一。然而，信息的过载往往会给个体带来焦虑和压力，处理不当还可能引发更深层次的心理问题。例如，长时间沉浸在社交媒体和网络游戏中，有些大学生可能会出现情绪低落、注意力不集中甚至成瘾的状况。相反，如果能具备良好的心理健康水平，就能更好地管理自己的时间和信息摄取，形成高效的信息甄别和利用能力。

优秀的心理素质能够帮助大学生在信息海洋中找到方向，将信息合理组织为对学业和生活有益的资源。心理健康就像方舟中的导航灯，引导我们在风浪中前行，避开那些影响负面的"暗礁"。

（二）心理健康提升竞争力

当今社会的竞争日益激烈，不仅体现在就业市场，还有学业成绩和社会交往等方面，特别是大学生需要早早面对这些竞争压力。压力和挫折是成长绕不开的话题，过大的心理压力如果不能得到及时缓解和疏导，容易引发焦虑、抑郁等心理问题，并进一步影响学业和生活。心理健康教育能够赋予大学生应对压力和挑战的韧性。

例如，一位考试成绩不理想的学生，如果没有良好的心理调适，可能会陷入自我否定的恶性循环中，进而影响后续的学习态度和效率。但若他具备较强的心理素质，就能在挫折中找到总结经验、调整策略的机会，避免消极情绪的侵蚀，继续前行。心理健康素质就是这样一种能让我们在万难中依然坚持，最终到达彼岸的重要支撑。

（三）团队合作中的制胜法宝

现代社会越来越强调团队合作，协作能力已经成为很多企业筛选人才的重要标准。然而，良好的团队合作不仅仅依赖于个体的专业技能和合作经验，更要求有较好的心理素质，包括沟通能力、情绪调控能力和人际关系处理能力等。

良好的心理健康水平能帮助大学生有效处理团队中的各种矛盾和冲突，促进良好的团队氛围。例如，在团队项目中，不同观点的碰撞在所难免。如果成员能保持良好的心理状态，就能以理性的态度面对分歧，通过积极沟通找到解决问题的途径，而不是因为情绪失控而导致合作关系破裂。

心理健康不仅仅是个人的身心平衡，更是社会和谐、团队进步的重要基石。对于培养适应社会发展的高层次人才，心理健康教育无疑是其中的重要一环。

（四）心理健康促进自我成长

心理健康是个性品质和自我成长的重要基础。心理健康的大学生通常具有较强的自我意识和自我调节能力，他们能够正确看待自己的优点和不足，不断追求自我完善。他们在面对困难和挫折时，能够以积极的态度应对，展现出顽强的意志力和较高的社会适应能力。心理健康还使他们能够更好地理解和尊重他人，增强团队合作精神和社会责任感。

在实际生活中，若大学生能够合理管理情绪，积极面对挑战，意识到心理健康的重要性，并采取有效的应对策略，不仅能够在学业和职业生涯中取得成功，还能在价值观、人格和社会适应等方面实现全面发展。

（五）心理健康促进人际关系和谐

健康的人际关系是大学生活的重要组成部分，不仅影响学生的心理健康，还对其社交技能和情绪调节能力产生深远影响。心理健康的大学生更能建立和维持健康的友谊和恋爱关系，他们通常具有较高的情绪智商，能够有效地处理冲突，理解他人的感受，建立信任并得到支持。

反之，心理问题如社交焦虑和孤独感等会严重影响学生的人际交往能力。他们可能会感到孤立和退缩，难以建立深厚的友谊和亲密关系。长期受到人际关系困扰的学生，其心理健康状况可能进一步恶化，形成恶性循环。因此，大学生需要注重培养良好的人际关系，提升自己的心理弹性和抗压能力。

二、保持健康心态

（一）正确认识心理问题

在高职阶段，心理困扰在所难免。面对大学生活的不适应、考试焦虑、人际关系不协调、恋爱困扰、择业迷茫、欠缺自信等问题，许多学生都会经历不同程度的心理困扰。这些问题不是个别现象，而是成长过程中普遍存在的发展性难题。应对这些困扰，需要积极的自我调整，或者及时寻求心理帮助。

在面对心理困扰时，主动寻求心理咨询是一种明智的选择。心理咨询可以帮助大学生更好地认识自我、开发潜能，从而获得更好的发展。然而，由于社会文化和认知上的误解，许多学生对心理咨询存在偏见，认为只有患有"精神病"的人才需要接受心理咨询。这是一种错误的观念，阻碍了许多学生及时获得必要的心理帮助。

心理问题不是无法解决的难题，只要我们愿意正视，科学地应对，它就能够被有效管理和改善。希望每一位高职学生都能在心理健康的道路上取得长足进步，迎接更加光明的未来。

（二）自我心理调适方法

1. 树立正确的价值观

在现代社会，价值观的建立对个人的发展至关重要。正确的价值观能够为学生提供人生的方向和动力，引导他们成为技术精良、品德优秀的社会栋梁。何为价值观？价值观是一个人对是非、善恶、美丑的基本态度和信念，是指导个人行为的内在准则。价值观的形成受多方面因素影响，如家庭教育、社会环境、个人经历等。每个人的价值观都有其独特性，但基本的价值观通常可以反映出一个人对某些事物的优先级排序。

（1）反思与自我认识

反思是树立价值观的第一步。高职学生应定期进行自我反思，认识到自己真正看重的东西，这些可能包括道德、信仰、家庭、友谊、工作、个人成长等。通过深度反思，学生能更清晰地辨别哪些是自己的核心价值观，如公正、诚实、尊重、勇敢和责任等。

（2）学习与借鉴

除了自我反思，向他人学习和借鉴也是树立正确价值观的重要途径。教师、家长、同学以及社会中的各种榜样人物，都能为学生提供有益的价值观参照。参加学校组织的各种活动、阅读经典书籍、观看励志电影等，都是学习并内化正确价值观的有效方式。

（3）实践与坚持

树立价值观不仅仅是思考和学习，更重要的是去践行。高职学生应在日常生活和学习中积极实践自己的价值观，才能真正做到内化贯通。例如，团队项目中坚持诚信，在面临抉择时选择公正，在遇到困难时展现勇敢，等。坚持这些价值观，将有助于他们在各种挑战和诱惑面前立于不败之地。

2. 做好人生规划

现代社会节奏快、压力大，高职学生在面对学业、实习、就业等多重挑战时，心理健康问题愈加凸显。一个清晰和现实的人生规划不仅能够帮助我们更好地应对这些挑战，还能减少不确定性带来的焦虑和压力。

（1）认识自我：人生规划的起点

在人生规划的起点，我们需要首先认真思考和探索自己的内在需求、动机、优势和限制。这是一个自我认知的过程，需要不断反思和自我评估。

首先，你需要了解自己的兴趣和爱好。你对哪些事情表现出强烈的兴趣？这些兴趣能否转化为你的职业方向？心理学家霍兰德（John Holland）提出的职业兴趣理论指出，人的兴趣类型可以预测职业满意度和职业成功。通过职业兴趣测评，你可以更清楚地认识到哪些职业领域更适合你。

其次，你需要评估自己的技能水平和潜力。你擅长哪些领域？这些技能是否符合你兴趣所在的职业需求？在职业选择中，技能和兴趣的匹配是成功的关键。职业能力的评估可以通过自我评估、教师和同学的反馈，甚至职业测评工具来进行。

（2）确定目标：设定切实可行的职业方向

在了解自己的兴趣、技能和潜力后，你需要设定明确的职业目标。职业目标是人生规划的重要组成部分，决定了你的职业方向和努力的方向。

设定职业目标时，需要兼顾挑战性和实际可行性。目标过于简单，难以激发你的动力；目标过于困难，又容易让你产生挫败感。心理学研究表明，目标设定需要遵循"SMART"原则，即目标要具体（Specific）、可衡量（Measurable）、可达成（Achievable）、相关性（Relevant）和有时限（Time-bound）。

例如，如果你对机械设计感兴趣，可以设定在三年内获得机械设计师认证的目标。这个目标具体、可衡量，并且在你的能力范围内。同时，机械设计师的职业前景良好，与你的职业方向高度相关，具有明确的时间期限。

（3）制订计划：将愿景转化为具体行动

有了明确的职业目标后，你需要制订具体可行的计划，将愿景转化为实际行动。计划的制订需要考虑阶段性目标、时间表和执行步骤。

首先，将你的职业目标分解为多个阶段性目标。阶段性目标可以是获取必要的技能证书、完成相关课程、实习经历等。每个阶段性目标的达成都能为你的职业目标积累经验和信心。

其次，制订详细的时间表，为每个阶段性目标设定具体的时间点。时间表不仅能帮助你合理安排时间，还能提高你的紧迫感，防止拖延。

最后，明确执行步骤。执行步骤是实现阶段性目标的具体路径，包括学习计划、实践活动、人脉拓展等。在执行过程中，你需要不断评估和修正自己的计划，以应对可能出现的挑战和变化。

（4）自我驱动：保持持久的动力和信心

职业发展的道路上充满了挑战和不确定性，只有保持强大的自我驱动，才能在竞争激烈的职业市场中脱颖而出。

首先，培养内在动机。内在动机是你对职业的热爱和追求，是驱动你不断前行的内在力量。心理学家德西（Edward Deci）和瑞安（Richard Ryan）提出的自我决定理论指出，内在动机源自自主性、胜任感和归属感。当你对职业充满热情，并且感受到自己的能力和价值时，你会更加积极和投入。

其次，建立信心和韧性。在职业发展过程中，你可能会遇到各种挑战和挫折，保持足够的信心和韧性是克服困难的关键。心理学家班杜拉（Albert Bandura）提出的自我效能感理论认为，人们对于自己是否能够完成某一任务的信念，直接影响他们的动机和表现。通过不断积累成功经验，你可以提高自我效能感，增强克服困难的信心。

（5）终生学习：职业发展的长久之计

职业生涯是一场长跑，需要终生学习和不断更新的技能。终生学习不仅是职业发展的需要，更是适应快速变化的社会的必然选择。

首先，高职学生要重视职业教育和培训。利用学校提供的课程和资源，获取职业所需的知识和技能。同时，要主动参加校外培训和职业认证考试，提升自己的专业能力和竞争力。

其次，要关注行业发展和科技进步。现代社会技术变革迅速，保持对行业动向和新技术的敏感度，能够帮你及时调整职业规划和技能学习，避免职业发展的滞后。

人生规划是一项系统工程，需要不断思考和调整。只有自己制订并不断完善，才能真正实现自我价值，走出一条属于自己的成功之路。

3. 运用心理防御机制

心理防御机制，是由弗洛伊德提出的概念，指的是个体在面对痛苦和压力时，无意识地使用的一系列心理策略，以缓解内心的冲突和焦虑。常见的心理防御机制有升华、转视、合理化、补偿、求实、回避等。

（1）升华：化痛苦为动力

升华是指将压抑的消极情绪和内在冲突转化为积极的行为和思想。例如，当在恋爱中受到挫折时，可以将痛苦的情感转化为学习和工作的动力，从而达到心理的平衡和提升。升华不仅有助于消除负面情绪，还能提高个人的整体素质。

著名作家歌德，通过写作的形式将失恋的痛苦转化为创作动力，最终创作出《少年维特之烦恼》这部经典文学作品。对于大学生而言，升华是一种有效的心理调整方法，不仅可以缓解心理压力，还能为未来的发展打下坚实的基础。

（2）转视：换个角度看问题

转视是一种思维方式的转变，强调从不同的角度看问题，以发现事物的积极面。当我们陷入一种消极的思维模式时，很容易忽略事情的积极方面。因此，学会转视，有助于从困境中找到出路。

例如，如果大学生在求职过程中屡屡受挫，不妨试着换个角度看问题。求职失败并不意味着能力不足，而是提供了重新审视和提升自我的机会。通过这种方式，学生不仅能够缓解失落感，还能提高自身竞争力。

（3）合理化：为自己开脱

合理化是一种通过找借口减轻内心负担的方法。这种心理防御机制可以在短期内帮助人们应对挫折和压力。例如，未能通过某门考试的大学生，可以告诉自己这次考试只是一次小考，真正的重要考试在后面，还有时间和机会去准备。

然而，合理化只能作为一种暂时的应对方式，不宜长期依赖。长期的合理化可能会导致自欺欺人，阻碍问题的真正解决。因此，大学生在采用合理化进行心理调适时，应当认识到其局限性，并尽量结合其他更为积极的方法。

（4）补偿：弥补内在的缺憾

补偿是指一个方面受到挫折或不满足时，通过另一个方面追求成功来平衡内心的失落。例如，一名大学生在体育竞技中未能取得好成绩，可以通过在学业上取得优异的表现来弥补内心的遗憾。

补偿不仅能够缓解心理压力，还能使大学生在面对挫折时，不至于陷入自责和沮丧。通过补偿，大学生可以找到新的目标和动力，为全面发展提供新的机会。

（5）求实：切合实际调整目标

求实是指根据实际情况调整目标，以避免或缓解心理困扰。在学业或生活中，过高的目标常常会让人感到压力过大和无所适从。因此，在设立目标时，应当根据自身的实际情况，制订切实可行的计划。

例如，一名大学生在面对某科目的学习困难时，应当及时调整学习方法，制定阶段性的小目标，以逐步克服困难。通过这种切合实际的方式，可以避免因为目标过高而导致的挫败感，保持心理的平衡和健康。

（6）回避：暂时躲开困境

回避是一种通过转移注意力暂时躲开困境的方法。当外部刺激过于强烈时，暂时的回避有助于减轻心理压力，避免情绪的进一步恶化。例如，失恋的大学生可以暂时避开会引发情感波动的场景，如旧日的约会地点，或者与前任相关的活动。

然而，回避并不能长期解决问题。在适当的时候，还是需要面对现实，解决根本的困境。因此，大学生在运用回避机制时，应当注意其时效性，尽量结合其他积极的应对方法。

4.合理宣泄

合理宣泄指通过运用或创造某种条件，以理智、不伤害他人或自我的方式来表达和释放压抑的情绪，从而减轻心理压力、稳定情绪。合理宣泄是治愈心理问题的重要环节之一，有效的情感宣泄能使心理困扰减少一半以上。而不合理的宣泄方式，如饮酒、自残或暴力行为，不仅无法解决问题，反而会带来更多困扰。以下几种合理宣泄方法能够帮助大学生在面对心理压力时，找到合适的释放渠道。

（1）运动：让情绪随着汗水流走

体育锻炼被广泛认为是一种有效的心理治疗方法。一般来说，运动能够帮助人们减少紧张和焦虑的感觉。美国的一项调查显示，在1 750名心理医生中，80%的人认为体育锻炼是治疗抑郁症的有效手段之一。

对于大学生来说，当你感到情绪低落或者被困扰时，可以暂时放下手头的烦恼，选择一种不会影响自己和他人健康的运动方式来释放能量。例如，打篮球、跑步、爬山或是简单的散步。

（2）倾诉：与人分享，减轻心理负担

倾诉是另一种有效的情感宣泄方式。将内心的苦闷和忧愁向最亲近、最信赖的人倾诉，可以在不被打扰的环境中，尽量表达出最真实的自己。这种情感交流不仅能帮助你梳理思绪，还能得到对方的理解和支持，从而减轻心理压力。

如果你觉得难以找到亲近的人倾诉，那么专业心理咨询也是一个很好的选择。很多学校都设有心理咨询机构，那里有专业的心理医生能够为你提供帮助。

（3）书写：用文字解放内心的压力

书写是一种将内心情感和思想外化为文字的方式。当你觉得有些心事难以向外人说明时，可以通过写信、写日记或是发表个人动态来倾诉。这种方式不仅能够帮助你厘清思路，还能将情绪在纸上进行排解，使那些因无法直接言表的情绪得到缓解和释放。

在书写过程中，不必在意自己的言辞和情绪，只需真实地表达出内心的想法和感受，这能帮助你更好地面对和解决自己的情感困扰。

（4）哭泣或喊叫：自然的情感安全阀

哭泣和喊叫是人类情感的自然表现方式，是有效的宣泄途径之一。当你感到压抑时，可以找一个安全的地方大声哭泣或喊叫。心理学家称哭泣为"自然的情绪安全阀"，在独自一人或当着倾诉对象痛哭时，你内心的积怨和压力也会随之缓解。找个没有人的地方，比如树林、大海边或学校的操场，在保证安全的前提下，放开喉咙，把一肚子的积怨喊出来，也是一种有效的释放方式。

（5）洗澡：用热水安抚烦躁的心灵

洗澡可以帮助你缓解心理压力。研究显示，当洗澡水温在38摄氏度到40摄氏度时，能够促进血液循环，使人镇静下来。当你感到烦躁不安时，不妨花一些时间好好洗个热水澡。温热的水流不仅能放松你的身体，还能安抚你的心灵，使你在舒适的氛围中重新获得平静。

此外，很多学校的心理咨询机构都有专门的心理宣泄室，配备有皮质宣泄人、跑步机、宣泄墙等设备。大学生可以通过击打宣泄人或踢打宣泄墙等方式进行情绪的宣泄。在这些经过设计的设施中宣泄，可以有效地减轻内心的愤怒和痛苦，使情绪得到良性的释放。

5.走出心灵孤岛：保持良好社交关系

在繁忙的大学校园生活中，我们往往容易忽略和疏远朋友、家人及同学。然而，保持良好的社交关系不仅能够丰富我们的生活，更是大学生心理健康的关键所在。通过积极参与社交活动、与人交流、寻求和提供帮助，我们能够有效应对大学生活中的各种挑战和压力。

（1）找到值得信赖的朋友

首先，拥有值得信赖且能提供支持的朋友对于心理健康至关重要。来自朋友的鼓励、赞赏、支持和建设性的反馈，可以让我们感到更加安全和舒适，从而减轻焦虑和抑郁，也能更有效地应对挑战。因此，大学生应主动参与各种社交活动，如兴趣小组、志愿服务或学校组织的社交活动。这些活动不仅能拓展社交圈，还能够通过共同的兴趣爱好建立更加深厚的友谊。

与朋友一起做有意义的事情，如参加社区服务、旅行或团队项目，可以提高幸福感，并带来更多乐趣。在这个过程中，坦率地表达对朋友的感激之情也非常重要，这不仅能加深朋友之间的情感联系，还能营造出彼此支持和关心的友善环境。

（2）学会与他人进行有效沟通

学会与他人沟通是非常重要的交往基础和技能。在表达自己的想法和感受时，我们应使用清晰、明确和具有目的性的语言，避免含糊不清或掩饰自己。同时，关注对方的情感和感受也非常重要。学会倾听，给予对方足够的耐心和尊重，是建立良好人际关系的关键。客观地听取他人的建议，从别人的角度思考问题，尊重他人的意愿和价值观，可以帮助我们建立一个互相尊重和信赖的沟通模式。

（3）与积极心态的人交往

具有积极心态的人往往可以为周围的人带来正能量，提供精神上的支持、理解和鼓励。因此，与这类人相处，可以帮助我们形成更积极、乐观和自信的态度，有助于我们在面对压力和挑战时保持心理平衡，建立一个健康、正面的社交网络。

（4）扩展多元社交圈

不同的社交圈意味着可能认识到来自不同背景、文化和生活方式的人，这为我们提供了多样化的观点和经验，有助于开阔我们的思维，建立更加包容和友善的价值观。参与多元的社交圈活动，不仅能够扩大我们的交际范围，还能帮助我们更好地理解与他人的差异，增强社交能力和包容心。

（5）与老朋友建立情感联结

大学生常忙于学业和新朋友的交往，常常会忽视与老朋友的联系。与老朋友一起回忆过去的美好时光，重温共同的经历，可以促进心理放松，提高抗压能力。这些正向情绪体验，可以缓解或减轻我们因压力所带来的情绪困扰，同时有助于我们更好地理解自己的成长历程和情感需要。

（6）向身边的人表达爱与关怀

向身边的人表达爱可以帮助我们缓解负面情绪，增强内心的安全感和归属感。此外，与心爱的人分享感受和困惑，可以增强双方之间的信任和支持。

在向身边的人表达爱的时候，应该选择合适的时间和地点，用亲近和温馨的语言表达自己的感受和需求。最重要的是，必须真诚。同时，我们也要学会接受别人的爱和支持，这不仅是一种优良的人际关系技能，还能提升我们的情感体验和幸福感。

（7）学会接受帮助

有时候，我们会因为各种原因而不愿意接受帮助，认为这是一种脆弱或失败的表现。但实际上，寻求帮助并不是一种弱点，而是一种智慧和勇气的体现。学会接受他人的帮助，能有效地解决问题，同时增强我们的社交能力。

（8）帮助他人

帮助他人不仅能让我们暂时脱离对自己个人问题的关注，还可以让我们感到更有用、更有成就感，从而对自我的价值和能力充满信心。帮助他人的过程，不仅能让我们感受到奉献的快乐，还能在这个过程中反思自己的处境和问题，从而受到启发。

6. 舒缓心灵与身体

（1）深呼吸放松法

深呼吸放松法是一种操作简单、效果显著的放松技巧。我们在遇到紧张的时刻，比如考试、面试或公众演讲之前，常常感觉时间紧迫，没有多余的时间去使用较为复杂的放松方法。这时，深呼吸法便展现出其优势。

可以按照以下步骤练习深呼吸放松法：

①坐在舒适的位置，双肩放松下垂。

②闭上眼睛，通过鼻子深深地吸气，确保空气进入腹部，感受腹部慢慢鼓起。

③吸到足够多的空气后，憋气两秒钟，然后慢慢地通过嘴巴呼出空气，感觉腹部缓缓收缩。

④吸气和呼气的过程中，可以在心里默念"吸……呼……吸……呼……"，让节奏更加稳定。

⑤每次呼气时，告诉自己"我感到很放松、很舒服"，体会呼气和吸气的过程，逐渐感受到全身的放松。

⑥每天按照这个节奏进行20次深呼吸练习，每天两组。

深呼吸法的关键在于保持节奏稳定，并不断体会吸气和呼气带来的放松感。简单而有效的深呼吸放松法能够迅速帮助我们缓解紧张情绪，恢复内心的平静。

（2）音乐放松法

音乐拥有奇妙的治愈力量。科学家发现，优美的音乐可以改善我们的神经系统、心血管系统及内分泌系统的功能。在遇到压力和紧张时，聆听一段舒缓的音乐可以让我们感到身心的放松。

可以尝试以下步骤体验音乐放松法：

①找一个安静舒适的环境，可以是自己的房间，也可以是校园的一角。

②选择一段令自己放松的音乐，比如钢琴曲、自然音效（如海浪声、鸟鸣声）等。

③静静地躺下或坐着，闭上眼睛，专注于音乐带来的感受。

④想象自己置身一个宁静的环境中，比如海滩、森林或草原。感受音乐带来的每一份宁静与愉悦，让思绪随之飘荡。

⑤随着音乐的律动，深呼吸，感受愉快的暖流在身体内流动，逐渐放松全身。

通过音乐放松法，我们可以更好地调节情绪，排解压力，重新找回内心的平静与愉悦。

（3）渐进性肌肉放松法

渐进性肌肉放松法是一种系统的放松技巧，通过对身体各部位肌肉的紧张与放松交替，达到身心的全面放松。

以下是渐进性肌肉放松法的具体步骤：

①找一个安静整洁、光线柔和的房间，以舒适的姿势坐在沙发或躺椅上，闭上眼睛。

②把注意力集中到头部，先咬紧牙关，使两边面颊紧张，然后松开感受松弛感。

③把注意力转移到颈部，尽量紧张脖子的肌肉，感到酸痛，然后全部放松。

④将注意力集中到双手，用力紧握，直至手发麻酸痛时再慢慢松开，并维持在舒适的位置。

⑤重复上述步骤，将注意力依次集中至胸部、肩部、腹部以及腿部，逐次紧张和放松。

⑥全身放松后，保持几分钟的轻松状态，感受紧张与松弛交替带来的舒适感。

这种方法系统且有效，能够全面让身体获得放松，从而缓解心理压力。

（4）想象放松法

想象放松法通过引导我们进入某种宁静、舒适的情景，从而实现身心的放松。在练习时，可以通过一段指导语和相关的音乐，帮助我们更好地进入想象中的情景。

以下是想象放松法的具体步骤：

①找一个安静整洁的房间，选择舒适的姿势躺下。

②启动一段轻柔的音乐，闭上眼睛，按照指导语引导自己进入放松状态。

③想象自己躺在温暖的沙滩上，感觉阳光照在身上，微风轻轻拂过，听到海浪拍打海岸的声音。

④随音乐的律动，深呼吸，每一次呼吸都让自己更深地体验体内的暖流，逐渐放松全身。

⑤维持几分钟的放松状态，然后缓慢地从想象中抽离，结束练习。

通过想象放松法，我们可以有效地缓解心理压力，找到一片宁静的心灵港湾。

三、寻求和接受心理咨询

（一）正确认识心理咨询

在当前社会，心理健康的重要性愈发凸显，近些年的统计数据显示，越来越多的学生在求学期间出现了心理困惑和问题。心理健康已不再是一个简单的健康话题，而是一门关乎成长与发展的学问。如何正确认识心理咨询，对于高职学生来说，既是对自己心灵的一次负责任交代，也是对未来人生的一次重要投资。

心理咨询是一种专业的心理援助服务，主要通过面谈、书信、电话或网络等手段，帮助来访者解决心理困惑。但心理咨询并不仅限于心理障碍的处理，还涵盖了心理潜能的开发、学习障碍的克服、人际关系的改进等等。在高职学生中，这些问题尤为常见，如适应新环境的困难、情感困惑、学习压力、择业迷茫等等。通过这些服务，来访者能够逐步分析、理解并解决自身的问题，恢复心理平衡，提高适应能力，促进身心健康和人格发展。

心灵成长 ▶

心理咨询的误区

1. 心理咨询是"弱者"的表现？

许多人认为求助心理咨询是一种"软弱"的表现，担心会被别人看不起。事实上，寻求心理咨询是一种积极应对问题、自我关怀的表现。现代社会越来越强调心理健康的重要性，心理咨询已经成为许多人生活的一部分。

2. 只需一两次咨询就能解决问题？

心理问题往往是长期积累的结果，复杂多变。期望一次或几次咨询就能彻底解决所有问题是不现实的。心理咨询是一个持续的过程，需要在咨询师的帮助下逐步了解自己，找到问题的根源，并通过不断的调整和实践，最终达到心理平衡和个人成长。

3. 所有问题都能通过心理咨询解决？

虽然心理咨询能在很大程度上帮助解决许多心理问题，但它并不是万能的。某些严重的心理障碍或精神疾病，可能需要专业的心理治疗或药物治疗。在心理咨询过程中，咨询师会根据你的具体情况，提出最合适的治疗建议。

（二）需要进行心理咨询的情况

心理咨询对于很多人来说可能仍然是一个陌生或具有误解的领域。许多高职学生在面对心理困扰时，因害怕被他人贴上"不正常"的标签，可能会犹豫是否寻求心理咨询的帮助。因此，明确了解在什么情况下需要做心理咨询，对于我们每个人来说都是非常重要的。

1. 选择职业方向有疑惑时

在择业过程中，你可能会感到迷茫，不确定自己的兴趣、能力和职业发展方向是否一致。这时，心理咨询可以帮助你更好地认识自己，厘清内心的真实需求和能力，从而做出更加明智的职业选择。心理咨询师通常会通过职业兴趣测评、性格分析等方法，帮助你发现自己的优势以及适宜的职业方向。

2. 面临强烈的心理冲突时

生活中，我们难免会遇到各种挫折和挑战，有时这些事件会引发强烈的心理冲突，导致我们难以自我调节。例如，突如其来的失业、人际关系的破裂或重大生活决策的困惑等。在这种情况下，心理咨询能够帮助你梳理情绪，找到应对的方法和策略，以更好地解决冲突。

3. 情绪极度低落或长期抑郁时

如果你发现自己长期感到情绪低落、缺乏动力，并且这种情况持续时间超过两个星期，那么这可能是抑郁症的表现。心理咨询在这种情况下尤为重要，专业的心理咨询师可以帮助你了解情绪低落的根源，并通过科学的干预方法帮助你逐渐走出抑郁情绪。

4. 与他人频繁发生冲突时

在学校或生活中，如果你与同学、室友或家人频繁发生冲突，可能是因为你在某些方面的沟通或情绪管理存在问题。心理咨询能够帮助你提升沟通技巧，学会如何有效地表达自己的需求和感受，从而减少误会和冲突，提高人际关系的质量。

5. 出现持续的睡眠问题时

睡眠问题是许多人忽视的心理困扰之一。如果你经常失眠、做噩梦或者梦游，可能是内心存在未被察觉的焦虑或压力。心理咨询可以帮助你找出影响睡眠的心理原因，并通过调整心理状态、改进生活习惯来改善睡眠质量。

6. 恋爱或家庭关系出现了困扰时

恋爱和家庭关系是我们生活中非常重要的一部分。然而，爱情和家庭生活中常常会出现一些难以解决的问题，如伴侣之间沟通不畅、冲突频发，或者家庭成员间存在矛盾。这时，心理咨询可以提供专业的指导和解决方案，帮助你维持健康的恋爱和家庭关系。

7. 出现明显的异常感觉和行为时

如果你开始有一些明显不平常的感觉和行为，如总感觉有人在说你的坏话、总听到一个声音在指挥你，那么这些可能是心理障碍的警示信号。这时，及时寻求心理咨询能够帮助你更早地识别和应对这些问题，避免情况恶化。

8. 对常见事物产生不合理的恐惧时

有些人会对一些并不可怕的事物产生不合理的恐惧，如害怕花、害怕水甚至害怕见人，这些恐惧可能严重影响你的正常生活。当你发现自己有这些不合理的恐惧时，通过心理咨询，咨询师会帮助你逐渐克服这些恐惧，恢复正常的生活状态。

9. 对某些生理现象感到困惑时

在成长过程中，可能会遇到一些生理上的问题和困惑，如对月经、遗精等现象不了解或感到困扰。这时，心理咨询师可以为你提供科学的知识和支持，帮助你建立对这些生理现象的正确认识，缓解心理上的困惑和不适。

10.希望进一步改善性格时

我们每个人都希望能成为更好的人，但有时发现自己在某些性格特征上有所欠缺。例如，过于内向、不善与人交际、难以控制情绪等。如果你希望进一步完善自己的性格，提升个人素质，心理咨询师能够通过个性分析和行为训练，帮助你认识和改善自身的性格特点，提升自我管理和社交能力。

心灵成长 ▶

心理问题与精神疾病的区分

1.时间与持续性

心理问题通常是暂时的，随着情景和环境的变化而变化。精神疾病则表现为持续的症状，可能会持续数周、数月甚至更长时间。

2.强度与影响

心理问题尽管让人困扰，但一般不会明显地影响日常功能。而精神疾病则往往严重影响学习、工作和社交，使患者无法正常生活。

3.专业诊断

只有经过专业的评估和诊断，才能确认是否患有精神疾病。心理咨询师、临床心理学家、精神科医生等专业人员可以提供准确的诊断和治疗方案。

（三）进行心理咨询之前的准备

1.明确自身问题与期望

在你决定接受心理咨询之前，首先需要明确自己要解决的具体问题。这些问题可能来源于情感、学业压力、人际关系、职业规划等多个方面。清晰地界定这些问题不仅有助于你更好地理解自己的需求，也能够让治疗师更有效地为你制定个性化的治疗方案。

除此之外，明确自己的期望和目标也同等重要。你希望通过心理咨询达到什么效果？例如，减少焦虑、改善人际关系、提高自信心等。明确的目标能够让你在咨询过程中有一个清晰的方向，同时也能帮助你和治疗师一起评估咨询进展。

2.准备具体的问题描述

在接受心理咨询时，坦诚地描述自己的问题和经历非常关键。虽然心理咨询可以帮助解决许多问题，但并非所有问题都需要通过心理治疗来解决，也不是所有问题都与心理问题直接相关。那么，如果你有多个问题，如何确保心理咨询的有效性呢？一个有效的方法是先聚焦于最影响你现状的那个问题。

你可以在咨询之前写下你的问题，并准备一些具体的例子。这些例子可以说明你在不同情境下的反应和感受，从而帮助治疗师更好地了解你的处境和情绪状态。这不仅能够节省咨询时间，还能使治疗更有针对性。

3. 认识心理咨询的主动性

接受心理咨询是一个主动的过程，你需要积极参与和配合治疗师的治疗计划。治疗师提供的建议和策略虽然重要，但如果没有你的配合和努力，再好的方法也无法发挥作用。

你需要遵循心理咨询中的规则和过程，坦诚地谈论你的问题和情感。另外，定期评估自己的心理状态和治疗进展也很重要。这不仅有助于你了解自己在咨询过程中的变化，也可以为治疗师提供反馈，让他们了解你的感受和需求，从而调整治疗方案。

4. 视心理咨询为健康管理的一部分

心理咨询不仅是解决心理问题的方法，也是一种健康管理的活动。正如我们重视身体健康一样，心理健康也应得到同等的重视。将心理咨询看作是一项非常重要的自我健康管理活动，你将以更加认真的态度面对和参与这个过程。

5. 寻求支持，分享过程

如果你感觉需要向身边的人寻求支持，请不要犹豫。家庭成员和亲密朋友的支持和理解可以对你的治疗产生非常积极的影响。你可以让他们了解你的心理状态和治疗计划，同时，请他们在你感到困难时提供更多的支持和鼓励。

此外，告诉他们治疗过程中一些重要的建议和计划，让他们在需要时配合你和治疗师的工作。这不仅能够帮助你更好地遵循治疗方案，也能增强你的信心和坚韧度。

（四）心理咨询过程中需要做什么

1. 对咨询师坦诚

建立一个诚信和尊重的环境，是心理咨询中不可或缺的部分。在心理咨询中，坦诚不仅仅是对咨询师的信任，更是对自己的负责。许多时候，我们会因为羞耻、恐惧或者自我防御机制而隐瞒部分事实。但实际上，这不利于问题的真正解决。受过专业训练的咨询师会恪守职业道德，他们会保证你的隐私不被泄露。因此，放心地向他们坦白你的感受、经历和想法。唯有如此，咨询师才能全面了解你的情况，帮助你制定最有效的治疗方案，从而真正启动你的内心转变。

2. 积极配合

心理咨询不仅仅是面对面的对话，通常还包括一些"课后作业"或任务，这些都是为了更好地帮助你理解自己。听起来像不像你在学术课程中遇到的家庭作业？没错，这也是一个自我发现的过程。心理咨询师会根据你的具体情况，制定个性化的目标和疗程。

这些"作业"可能包括记录情绪日记，进行特定的行为练习，阅读一些有助于理解自己的问题的书籍，甚至是尝试新的社交活动。通过完成这些任务，你不仅能深化对自己状况的理解，还能学到新的应对策略和技能。

3. 聚焦于亟待解决的问题

心理咨询并非万能的，它有其局限性。因此，在咨询过程中，我们需要从自身最迫切的问题着手。咨询师会在多次会谈中了解你的整体情况，并帮助你找到最需要解决的问题及设定治疗目标。例如，你可能因为自卑而无法适应集体生活，或者因为学业压力而感到沮丧。无论是什么问题，重要的是保持专注，在一个个小问题得以解决后，再逐步向解决更深层次的问题迈进。

青春 训练营

心理健康测试问卷——测测你的心理健康水平

大学阶段是人生中的一个重要时期。为了帮助你更好地了解自己的心理状态，并采取必要的调适措施，我们设计了这份心理健康测试问卷。请诚实回答以下问题，这将有助于你全面了解自己的心理健康状况。

部分一：基本信息

1. 性别

男（　　　）　　　　　　女（　　　）

2. 年龄

18～20岁（　　　）　　　21～23岁（　　　）　　　24岁及以上（　　　）

3. 年级（　　　）

大一（　　　）　　　大二（　　　）　　　大三（　　　）

部分二：自我感知与情绪管理

4. 你最近一周的总体心情如何？

很好（　　　）　　　一般（　　　）　　　差（　　　）

5. 你是否经常感到焦虑或紧张？

有时（　　　）　　　　偶尔（　　　）　　　　从不（　　　）

6. 在面临困难或压力时，你如何应对？

积极解决（　　　）　　　　　　　　寻求帮助（　　　）

部分三：人际关系与社交

7. 你与同学、朋友的互动频率如何？

经常交流（　　　）　　很少交流（　　　）　　从不交流（　　　）

8. 你是否愿意主动结交新朋友？

非常愿意（　　　）　　比较愿意（　　　）　　偶尔愿意（　　　）　　不愿意（　　　）

9. 在社交场合中，你的表现通常如何？

自信大方（　　　）　　较为拘谨（　　　）　　感到紧张（　　　）　　回避（　　　）

部分四：学习和职业规划

10. 你对当前的学习状态满意吗？

非常满意（　　　）　　满意（　　　）　　一般（　　　）　　不满意（　　　）

11. 你是否为未来的职业做了详细规划？

已经详细规划（　　　）　　　　　　有规划但不详细（　　　）

暂时没有规划（　　　）　　　　　　完全没有规划（　　　）

12. 你觉得自己在学习中面临的最大困难是什么？

时间管理（　　　）　　　　　　　　学科难度（　　　）

集中注意力（　　　）　　　　　　　其他（请注明）（　　　）

部分五：自我发展与成长

13. 你是否有明确的兴趣爱好，并投入时间去发展？

有，并且积极投入（　　　）　　　　有，但很少投入时间（　　　）

有，但从未实践（　　　）　　　　　没有兴趣爱好（　　　）

14. 你是否曾经参加过心理咨询或辅导？

参加过，并觉得有帮助（　　　）　　参加过，但效果一般（　　　）

从未参加过，但有意愿（　　　）　　完全没有意愿（　　　）

15. 你觉得个人目前最大的心理困扰是什么？

社交恐惧（　　　）　　　　　　　　学习压力（　　　）

情感问题（　　　）　　　　　　　　其他（请注明）（　　　）

感谢你填写这份问卷。你的答案将帮助你更好地理解自我心理状况。如果你有任何迫切的心理压力或情感问题，建议及时寻求专业的帮助。愿你在大学生活中取得更大的进步与快乐！

心理健康测试结果分析

1. 情绪管理与自我感知

从"部分二"的问题中你可以对自己的自我感知和情绪管理有较为清晰的认识。现在社会中，很多学生会感到某种程度的焦虑和紧张。面临困难或压力时，积极解决和寻求帮助是较为健康的应对方式。回避问题和感到无能为力可能会导致问题的积累，需要引起重视。

2. 人际关系与社交

人际关系对大学生的心理健康发挥重要作用。常交流和愿意主动结交新朋友，同学之间的互动频率能显著提升心理健康水平。反之，如果人际交往较少，或在社交场合中感到紧张和回避社交，可能会导致孤独感和社交恐惧。这类同学可尝试多参加集体活动，逐渐积累社交经验，提升自信心。

3. 学习和职业规划

在"部分四"的问题中，一些学生对当前的学习状态感到满意，并且有详细的职业规划，这对心理健康有正面影响。学习状态不满意和缺乏详细的职业规划可能带来不确定感和焦虑感。时间管理、学科难度、集中注意力等是学业中的普遍困难，需要制订明确的学习计划和采取有效的时间管理策略。

4. 自我发展与成长

有明确兴趣爱好的学生，并且积极投入时间去发展，会有更高的心理满足感和成就感。没有兴趣爱好或虽有但从未实践的学生，缺少生活的调剂，往往容易感到无聊和空虚。参加心理咨询或辅导对于缓解压力和调整心态是有帮助的，鼓励有心理困扰的学生寻求专业辅导。

总结

这份心理健康测试问卷可以帮助我们从情绪管理、自我感知、人际关系、学习状态、职业规划、自我发展等多个角度来认识和调整自身的心理状态。每个个体的心理健康都有独特性，通过全面的分析和调适，可以更好地应对大学生活中的各类挑战，保持心理平衡，实现个人成长与发展。

打开心灵之锁

人生在世，总会面临一些力所不能及的难题。无论我们多么独立和坚强，总有不得不寻求他人帮助的时刻。当我们遭遇心理困境时，敞开心灵，勇敢地向信任的朋友、亲人、师长寻求帮助，说出自己的困扰，总能找到打开心灵之锁的钥匙。而这一过程，不仅能让我们得到支持和解脱，同时也能加深彼此的理解和信任。

活动内容

在今天的活动中，我们将探讨当你遇到困境时，你会寻找什么样的人来帮助自己，并说明理由。以下是几个情境，请同学们思考每个情境下你会如何做。

1. 学业上的问题：当我在学业上遇到问题时，我可以求助于 _____ ；

2. 感情方面的问题：当我在感情方面遇到问题时，我可以求助于 _____ ；

3. 与同学关系上的问题：当我在与同学的关系上遇到问题时，我可以求助于 _____ ；

4. 生活方面的问题：当我在生活方面遇到问题时，我可以求助于 _____ ；

5. 未来发展规划上的问题：当我在未来发展规划上遇到问题时，我可以求助于 _____ 。

活动讨论指引

为确保同学们能开放心扉并积极参与，我们将分小组进行讨论。每个小组负责探讨一个问题情境，并在讨论结束后派代表总结发言。

小组讨论问题

1. 你觉得听别人的描述，去体察对方的感受和想法容易吗？

2. 你是怎么体察他人感受的？

3. 当你说出你的经历，对方能够体察到你的感受和想法时，你有何感受？

每个小组在讨论过程中应该做到平等交流，尽量为每个组员提供独立的表达空间。如果有人觉得准备起来有困难，可以在小组内调整和帮助。

活动总结

大学生正处于自我意识逐渐成熟的过程中，面对各种困难和挑战时，需要学会如何求助和开放心灵。通过今天的活动，我们希望同学们可以善于表达和求助，认识到这些技能对于学习、生活的重要性。同时，这也是增强自我保护，提高心理健康水平的一部分。

精彩"心"赏

《平凡的世界》

《平凡的世界》是当代作家路遥创作的一部现实主义长篇小说，被誉为中国文学史上的经典之作。小说以20世纪70年代到80年代的中国为背景，通过描绘农村青年的命运与奋斗，深刻反映了中国社会在改革开放初期的巨大变迁。

小说的主人公是孙少平、孙少安兄弟二人。少平聪明勤奋，却因家境贫寒而辗转于各类粗重劳动之中，通过自己的不懈努力，一步步挣脱贫困，追寻自尊与自由；少安则是一个坚韧实干的农民，为了全家人生活的改善，不断寻求新的农业生产方式，并最终带领村民走向富裕。

1. 敬畏与焦虑：双重心理驱动力

小说中的主人公孙少安和孙少平，以其不屈不挠的奋斗精神，呈现了他们对未来的敬畏与焦虑。敬畏体现在他们面对新环境、新机遇时的积极应对和克服困难的勇气。焦虑则反映在对家庭责任的沉重感、经济压力的困扰，以及对未来不确定性的恐惧。这种敬畏与焦虑的双重驱动力，让这些角色在不断的挣扎和自我调节中成长。

2. 自我认同：自我意识的成熟

孙少平的心路历程是自我认同的最佳范例。他从一个农民的儿子逐步走向自主自立的成年人，这一过程中的自我意识逐渐成熟。自我认同的复杂性在于他既希望证明自己的价值，又不得不面对现实的困境。通过不断地自我反思和社会实践，他逐渐找到了自己的位置，并坚定了信仰。这种心理成长的过程，深刻展示了自我认同在个人心理发展中的重要性。

3. 人际关系：从依赖到独立

《平凡的世界》中描述了复杂的人际关系，包括亲情、友情和爱情。在亲情方面，孙少安和孙少平兄弟俩之间的深厚感情，既有依赖也有独立追求；在友情方面，少平和同学们、工友们的互动，表现了人际关系的重要性；在爱情方面，少安与润叶，少平与田晓霞的情感纠葛，揭示了亲密关系中的心理动态。这些人际关系的发展，从依赖到独立，反映出个人在社会化过程中的心路历程。

4. 心理防御机制：面对困境与失败

小说中的人物经常面临失败和挫折，展示了多种心理防御机制。例如，孙少安在遭遇经营失败时，通过积极重建自我，体现了心理学中的"补偿机制"。此外，小说中的许多人物在面对失望和痛苦时，使用了不同程度的"否认""投射"等心理防御机制，以维护心理平衡。这些防御机制在一定程度上帮助他们渡过难关，但也揭示了其潜在的心理脆弱性。

5. 价值观的冲突与融合

《平凡的世界》通过人物的价值观冲突，展示了社会变迁中的心理适应问题。例如，少平在农村与城市之间的角色转换，导致了他内心价值观的冲突。而他在这个过程中，逐渐学会了融合新的价值观，适应新的生活方式。通过心理适应和认知重建，他实现了心理上的平衡。

6. 群体心理与社会影响

书中的人物生活在一个特定的社会群体中，他们的行为和心理状态受到群体心理的强烈影响。在群体压力下，个体可能表现出随从和认同，以避免社会排斥。举例来说，孙少安在村里的领导地位，既是个人努力的结果，也是群体认同和支持的体现。

通过从心理学的角度来解读《平凡的世界》，我们不仅能更深刻地理解角色的内心世界和行为动机，还能体会到在那个特殊年代里，每个人心灵深处的挣扎与成长。这种深入的心理剖析，为我们提供了一种更丰富、更立体的阅读体验。

专题二 悦纳自己 拥抱世界

——大学生健全自我意识

课堂 在线

活动一：背后留言

1. 每人分发一张 A4 纸、一支笔，并将纸贴在学生后背上。

2. 播放音乐，将学生分成若干小组，组员开始互相在对方后背上留言（给下一位同学留言的时候，大声读出该同学后背上的上一条留言内容），写上对他的认识，他的优点、缺点或建议，以及最想和他说的话。

3. 10 分钟后，教师宣布停止，取下留言，按小组进行分享。

可分享自我认识是否与同学对自己的认识一致，对别人的评价有何感想，从体验活动中得到什么启示。

活动二：我的自画像

你给自己画过像吗？多数人从未受过绘画的系统训练，不会画画。当然，我们不是绘画技能比赛，而是用图形表现出你对自我的认识。

1. 现在拿出你的笔，轻轻地闭上眼睛，先想一想自己是怎样的一个人，然后画出自己。可以用任何形式来画自己，形象的、抽象的、动物的、植物的，什么都可以。总之要把自己心中最能代表自己的东西画出来。

2. 请一并在纸上写出它的三个特点，这三个特点要和你自己相契合。

3. 画完后，请在小组内讨论分享一下你的作品，并和小组成员讨论，你为什么选择这个。

遇见更好的自己：自我意识概述

能量包 ▼

一定要完美

小严是一个大二女生，拥有令人羡慕的容貌和才华，但奇怪的是，同学们发现她经常不开心。

大二刚开学，小严组织了一次班级聚会。大家在聚会中一起玩游戏、说笑话、谈理想、谈未来，一个个都玩得很尽兴，也很有收获。同学们都非常赞赏作为组织者的小严。之后，小严却独自在操场坐着，原来她在想："为什么我让静静拿话筒的时候她会拖拉了两分钟才拿来？她对我是不是有意见？是不是我说话的语气不好？我是不是什么时候得罪过她？那几个男生为什么不听安排，总是那么吵？他们是不是觉得活动挺无聊？今天的聚会好像不是太好，我应该可以组织得更好一些？……"

会计学考试成绩下来了，同学们都为及格或是拿了个不错的分数而欢呼雀跃，小严却躲在宿舍的角落里一言不发，原来她在为算错了一道题而没有拿到最高分耿耿于怀，正在狠狠地责备自己……

小悦是小严大一时的好朋友，也是她曾经最好的朋友，但是她们的友谊只维持了几周。原来有一次她发现小悦买零食居然没有叫她一起吃，她觉得小悦有点自私，虽然没说什么，但她从此离小悦越来越远了。

同学们都说，小严是一个事事都要完美的女孩，很优秀但很不快乐。

【扬帆起航】大学时代，很多人都会对自己有一个美好构想，希望自己尽量完美。追求完美本身没有错，在一定程度上追求完美可以让自己不断获得提升的动力。完美是相对的，如果一定要苛求事事必须完美，唯一的结果就是无法满意自己，亦无法接纳他人，陷入希望—挫败—自责的恶性循环之中。对于小严，目前最重要的任务就是认识自己，学会与现实的我、现实的他人、现实的世界相处。

一、自我意识的定义和分类

（一）自我意识的定义

自我意识是个体对自己，以及自己与周围事物关系的认知、体验和评价。通俗地说，自我意识就是人对自身的探索和发现，了解自己是一个什么样的人，有什么能力和特点，能发挥什么样的作用，是人认识自己和对待自己的统一。

（二）自我意识的分类

1. 从内容上分类

自我意识可分为生理自我、社会自我和心理自我。

（1）生理自我。生理自我是个人对自己生理属性的意识，包括个体对自己身材、容貌、性别、体能等方面的认识。如"我是一个个子很高的人""我很强壮"等。这是自我意识的最初形态，它使个体把客观事物与自己区分开来。

（2）社会自我。社会自我是个体对自己社会属性的意识，包括个体对自己在各种社会关系中的角色、作用、地位、权力等方面的认识、评价和体验。如"我是一名某学校某专业的学生""我的人缘不错"等。

（3）心理自我。心理自我是个体对自己心理状态的意识，包括个体对自己的知识、能力、气质、性格、兴趣、爱好、情感、意志等的认识和体验。如"我是个做事比别人慢半拍的人""我是个乐观的人"等。

2. 从自我观念上分类

自我意识可分为现实自我、投射自我、理想自我。

（1）现实自我。现实自我是个体从自己的角度和标准出发，对自己实际状况（包括自己的生理特点、人格特点、行为特点等）的认识。

（2）投射自我。投射自我又称镜中自我，是个体认为的自己在他人心目中的形象，以及他人对自己形象的看法。如果现实自我与投射自我大体一致，那么个体就会有良好的自我认同感；反之，个体很可能会出现自我认同混乱，进而导致人格障碍。

（3）理想自我。理想自我是个体想要实现的一种比较完善的自我境界或形象。理想自我对个体的认识、情绪和行为有很大的影响。如果理想自我与现实自我的差距过大，以至于根本无法达到，那么个体就会产生挫败感，并逐渐累积成自卑感。

二、自我意识的结构

自我意识的结构十分复杂，下面仅讨论几种与大学生成长密切相关的三种结构。

（一）自我认知

自我认知是个体对自己存在的觉察，包括对自己的外部行为和心理状态的认知，主要回答"我是谁"的问题。它包括自我感觉、自我概念、自我观察、自我分析和自我评价等方面的内容。其中，自我观察是指对自己的感知、思维和意向等方面的觉察；自我评价是指对自己的想法、期望、行为及人格特征的判断与评估，是自我调节的重要条件。如"我是一个什么样的大学生""我在顶岗实习中扮演一个什么角色"等。

（二）自我体验

自我体验是伴随自我认知而产生的一种个体的内心体验，是自我意识在情感上的体现，即主我对客我所持有的一种态度。它主要包括积极肯定的自我体验（自尊、自信、荣誉感等）与消极否定的自我体验（自卑、自负、自怜等）两种形式。如"我是否接纳自己""我是否对自己的现状满意"等。

（三）自我调控

自我调控是指个体对自己的行为、活动以及态度的调节与控制，是个体对自身心理行为与思想言语的主动调控，主要包括自信、自强、自我检查、自我控制和自我监督等方面的内容。如"我应该如何改变自己""我应该怎样达成学习目标"等。因此，大学生可以通过发挥自己的主观能动性，选择认知角度，转变认知观念，调整自我认知评价体系，从而感受积极自我。

三、自我意识的发展

（一）艾里克森的心理社会发展阶段理论

艾里克森是美国著名精神病医师，新精神分析派的代表人物。他认为，人的自我意识发展持续一生，他把自我意识的形成和发展过程划分为八个阶段（见表2-1），每一阶段的发展危机就是他划分的阶段的特征性标准。这八个阶段的顺序是由遗传决定的，但是每一阶段能否顺利度过是由环境决定的，所以这个理论又称为"心理社会发展阶段理论"。

表 2-1　艾里克森的心理社会发展阶段及特征

年龄阶段	发展危机（发展关键）	发展顺利	发展障碍
0～1.5 岁 （第一阶段）	信任感—不信任感	信任自己和他人，乐观	不信任自己和他人，悲观
1.5～3 岁 （第二阶段）	自主感—羞愧感	能自我控制，行动有信心	自我怀疑，行动畏首畏尾
3～6 岁 （第三阶段）	主动感—内疚感	有目标、有方向，主动进取	难以建立自信，无自我价值感
6～12 岁 （第四阶段）	勤奋感—自卑感	具有求学、做事、待人的基本能力	缺乏生活基本能力，充满失败感
12～18 岁 （第五阶段）	自我同一性—角色混乱	自我概念明确，目标方向明确	角色混乱，缺乏目标，彷徨迷失
18～25 岁 （第六阶段）	亲密感—孤独感	能投入工作，有建立亲密人际关系的能力	孤独寂寞，无法与人亲密相处，关系淡漠
25～50 岁 （第七阶段）	繁殖感—停滞感	热爱家庭，热爱公益，扶持后进	自我放纵，不管他人，自私，人际关系匮乏
50～死亡 （第八阶段）	自我整合—失望	有秩序感和意义感	悔恨过去，悲观失望

依照该理论，大学生处于自我意识发展的第五阶段至第六阶段，下面重点对这两个阶段进行介绍。

1. 第五阶段：自我同一性—角色混乱（12～18 岁）

第五阶段是青春期，其发展危机是自我同一性对角色混乱。第五阶段是儿童由童年向成人过渡的阶段，也是自我发展的关键时期。这一阶段需要解决自我同一性危机，为进入成人期打下基础。

自我同一性主要有以下 4 个方面的内容：对个人未来的方向和个人独特性的意识；对个人以往各种身份，各种自我形象的综合感；一种对异性伴侣和爱的对象能做出明智选择的意识；一种对未来理想职业的向往和作为社会负责任成员的意识。换句话说，就是我们已经是什么样的人、我们想成为什么样的人和我们应该成为什么样的人。

艾里克森认为，此时青年人若不能形成自我同一性，则会产生角色混乱或同一性危机。这样的青年人不能正确地选择生活角色，或在选择生活角色上缺乏一致性和连贯性，对未来没有正确的信念。这样的青年人不能明确地意识到自己是谁，自己有哪些区别于他人的特点，属于哪个阶层、哪个群体，过去怎样、今后向哪个方向发展。为此，他们体验到比以往更多的痛苦、焦虑、空虚和孤独。在这样的混沌状态下，他们感觉自己要对自己的未来做出明确选择，但他们不能，然而又觉得父母和社会逼迫他做出选择，于是他们反抗，以保护自尊心不受伤害。许多青少年犯罪都与同一性危机有关，这些青少年的逻辑是，与其做个不伦不类的人，不如做个臭名昭著的人。

艾里克森总结了同一性危机的几个症状：（1）回避选择，麻木不仁；（2）与人距离失调，不能建立良好的人际关系；（3）空虚、孤独，迫切感、充实的时间意识消失；（4）勤勉性的扩散，不能专注于工作或学习；（5）对他人的评价特别敏感，以病态的防御抵抗他人的批评；（6）自我否定的同一性选择，破坏、攻击或自毁、自灭。

艾里克森认为从青年人内在的倾向来讲，每个青年均可克服危机，达到自我同一性。但社会文化急剧变迁所带来的价值观方面的矛盾使青年人无法适应，因而导致内部的冲突与危机。另外，父母和其他老一辈人本身缺乏牢固的信念基础，因而无法给青年人提供适当的指导，也是造成青年人同一性危机的原因之一。但如果危机得到积极的解决，则青年人易形成忠诚的积极品质。忠诚是对自己的朋友、亲人和生活伴侣承担责任的意愿，也是执着地追求既定目标的能力。

2. 第六阶段：亲密感—孤独感（18~25岁）

第六阶段为成人早期，发展危机是亲密感对孤独感。青年人通过青春期的发展，如果确立了稳定的自我同一性，就为与他人建立亲密关系打下了基础。

艾里克森指出，唯有具备牢固自我同一性的人才敢于同他人建立亲密的关系。亲密是指关心他人，准备而且渴望把自己的同一性与他人的同一性融合在一起，与他人共享的能力。亲密关系的确立不能与性关系上的密切混为一谈。因为亲密关系包括彼此的心理融洽和责任意识，以及相互的信任。亲密关系也不仅限于配偶之间，同事、朋友之间也可建立亲密关系。同甘共苦的同事和朋友相互关心，相互帮助，彼此分享对方的信任，同样具有浓厚的亲密感。如果一个人不具备与朋友、配偶建立亲密关系的能力，就会走向孤独。这种人回避与他人的亲密交往，自恋、自爱，不能与他人分享彼此的信任，与他人的交往仅仅维持在表面。这一阶段如果发展顺利，亲密的比例大于孤独的比例，则形成"爱"的积极品质。

艾里克森的心理社会发展阶段理论为不同年龄阶段的自我发展关键任务提供了理论依据。任何年龄段的发展失误，都会给一个人的终生发展造成障碍。它也告诉我们，为什么我们会成为现在这个样子，我们的心理品质哪些是积极的，哪些是消极的，这些心理品质多在哪个年龄段形成，从而给予我们更多的反思依据，促进我们的发展完善。

（二）大学生自我意识发展的阶段

大学生自我意识在大学阶段能够得到迅速发展，自我认识、自我体验、自我控制会逐步协调一致。在自我意识逐步成熟、确立的过程中，大学生也会品尝到其中的酸苦，为了解决内心的矛盾冲突要进行不懈的努力。为了全面了解并提升自我意识，我们首先应知道大学生自我意识发展阶段这一常识。

1.自我意识分化阶段

大学生自我意识发展的开端是自我意识的分化。自我意识的分化不仅能加快现实自我的发展，也是大学生心理迅速走向成熟的必由之路。分化前完整的"我"的概念被一分为二，即出现了"主我（I）"与"客我（me）"。与此同时，在主我与客我分化的基础之上，"理想我"与"现实我"也开始分化，大学生开始积极主动地关注自己的外部行为和内心世界，由此也产生了加倍的情绪体验，如激动、焦虑和自我沉思等。

2.自我意识冲突阶段

有分化就必然会出现矛盾、冲突。在这一阶段大学生开始逐渐注意到自己从前不曾关注的许多方面。与此同时，主我与客我的矛盾、理想我与现实我的差距都加剧了自我意识的冲突，这就使得大学生的自我概念不能明晰，自我形象不能确立，表现出明显的内心痛苦和强烈的不安。所以，自我意识冲突阶段的大学生的自我评价和自我观念具有片面性，常常对自我的调控产生无力感。

3.自我意识统一阶段

自我意识分化所带来的矛盾及痛苦促使着大学生去解决矛盾，以求得主我与客我的统一，理想我与现实我的统一，即达到自我同一性。所以，在自我意识的矛盾冲突中，大学生需要不断调整、发展自我意识，极力寻求新的支点，摆脱内心的焦虑与痛苦，以达到自我同一性。但由于自我意识具有复杂性与多维性，大学生需要逐渐在多方面重新审视自我、调整自我。一步步向理想靠近，最终实现自我同一性的建立。最终，大学生的自我同一性越高，自我意识发展就越好，人格就越完善。

探寻自我的画卷：自我意识的特征

能量包 ▼

我有罪

阿峰是大一的新生，来自偏远的小山村。他是村里的名人了，因为他是村里几十年来唯一一个大学生。带着家人凑齐的学费和乡亲的厚望，他来到了学校。在入校的第一天他就发誓，一定要好好学习，延续高中时候的辉煌，为家乡父老争光。然而一个学期过去了，一切似乎都不如人意：班干部没被选上；宿舍里，跟其他三个人关系并不好，在班里也没什么朋友；学习成绩中等偏上。他有点失望，但不甘心，于是第二学期更加努力了，当不了班干部，他把所有的精力都放在学习上，结果因为太紧张，期末考试只取得了中等成绩。他很难受，觉得自己是个很失败的人，家里出了那么多钱让自己读书，自己却只拿到这样的成绩；他感觉对不起家人，也辜负了家乡人的厚望，觉得自己给家人、给家乡丢脸了，是个有罪的人。难以承受之时，他甚至想到了结束自己的生命，幸而舍友在发现他情绪不对之后及时拉住了他。

【扬帆起航】大学生活与中学生活有着非常明显的差异，这些差异涉及环境、学习、人际交往等方面。面对大学里的新生活，我们最先要做的就是适应环境，重新认识自己、调整定位，力图在新的环境中获得新的发展。

大学是个人成长的重要阶段，这一阶段的自我意识至关重要。对于多数高职学生来说，这是他们走向社会前的最后学习阶段，其自我意识的特点对未来的人生轨迹有着深远的影响。

一、大学生自我意识的发展特点

（一）大学生自我认识的主要特点

1.广度与深度的提升

大学生的自我认识在此阶段逐渐从表面向内心深处拓展。在大学这个相对自由和知识丰富的环境里，他们的视野得以开阔，开始关注更广泛的社会问题和个人发展。自我认识不仅仅停留在气质、性格、风度等外在层面，还深入到社会地位、社会责任乃至自我价值的实现等复杂问题。这种多层次的自我认识，使得大学生能够更加全面地理解自我，形成更加立体的人格。

2. 自我评价的进步

随着大学生活的深入，大学生积累了更多的知识和社会经验，他们的自我评价能力逐步提升。这不仅表现在对优点和长处的合理认知上，还体现在对自身不足的客观评价上。这种自我评价的进步，使大学生能够更好地进行自我规划和调整，逐步具备了"自知之明"，从而在未来的职业选择和个人发展中处于更有利的位置。

3. 独立意识和自信心

大学生的独立意识和自信心在此阶段显得尤为重要。独立意识促使他们渴望摆脱外界的监督和管教，追求真正的自立。自信心则是在独立意识基础上产生的，对自己能力和潜力的坚定信念。尽管在经验和实际能力上可能还有不足，但他们对自己的未来充满信心，敢于面对挑战，勇于创新。这种自信心和独立意识，往往是大学生积极进取、奋发向上的内在动力。

（二）大学生自我控制的主要特点

1. 自觉性和自我控制能力提升

进入大学后，大学生的冲动性逐渐减少，自我控制能力显著提升。这种能力的提高体现在多个层面，如根据社会的期望和要求，及时调整个人的行为和目标。在当前竞争激烈的社会中，大学生深知仅有文凭是不够的，因此他们会不断提升自己的外语水平、计算机技能以及其他专业能力，以便更好地适应社会需求。这种自我控制能力的提高，使他们在实现个人目标时更加有的放矢，而不是盲目冲动。

2. 行为和目标的及时调整

大学生的自我控制还体现在对行为和目标的及时调整上。面对市场经济的快速变化和竞争压力，大学生能够依据社会期望调整自己的目标。在获取专业知识的同时，他们也注重实用技能的培养，如语言能力等，从而使自己更具竞争力。然而，值得注意的是，虽然自我控制水平有所提高，但这并不意味着他们完全成熟稳定，仍然需要不断的磨炼和发展。

3. 自我设计与社会期望的矛盾

大学生在自我设计方面有着强烈的愿望，他们希望通过不断学习和自我完善，塑造一个理想中的自我形象。然而，这种自我设计有时会与社会期望产生矛盾。一方面，他们追求公平竞争、民主自由，反对贪腐和不公；另一方面，在涉及个人利益时，可能会接受合理利己主义、享乐主义等观念，甚至可能为所谓的自我实现做出损人利己的事情。

这种矛盾是大学生在价值观和行为选择上的困惑，需要通过不断的自我反思和社会实践来解决。无论如何，自我设计的基本倾向应是积极向上的、乐观自信的，这也是大学生实现个人价值和社会价值一致的重要途径。

（三）大学生自我体验的主要特点

在一个高速发展的社会中，大学生这一群体常常处于自我探索和自我实现的关键阶段。与年长一辈相比，由于代沟的存生，大学生与长辈的交流越来越少。而在同辈群体中，他们又希望找到思想和心理上的知音。这一阶段，他们自我意识里有着独有的自我体验。

1. 成长与独立：割裂与孤独

随着年龄的增长，高职学生逐渐走向独立。然而，这种独立感在某种程度上也加剧了与长辈之间的代沟。下课后，彼此间交流的减少，使得他们更倾向于和同年龄的朋友深度交流。但是，寻找真正的知音并非易事。当他们发现无法找到一个真正理解自己的知心朋友时，孤独感就自然而然地浮现了。孤独感并非完全缺乏朋友，而是缺乏那种可以深度沟通的朋友。这种缺乏理解与共鸣的状态，容易在心理上形成孤立无援的感觉。

2. 抑郁感：理想与现实的矛盾

抑郁感是高职学生中较为普遍的一种体验，通常源于他们的理想与现实之间的矛盾。当他们的愿望得不到实现，情感无法得到充分表达时，这种情感便会逐渐沉淀为抑郁。抑郁感的来源多样，诸如对专业的不满、人际关系的困扰、缺乏展示自己才干的机会，以及对未来的不确定性。在解决这些问题时，首要的便是提高个人自我评价，增强自信心，让学生意识到自己有能力逃离这种困境。

3. 自尊感：社会评价与个人认同

自尊感是高职学生最重要的自我体验之一。它基于个人自我评价，以及社会对其评价的积极反应。大学生的自尊感大多来源于自我成长为社会主体，以及心理品质的日趋成熟。这种自尊感不仅让他们感到自己在社会、家庭及国家中的重要性，还促使他们在日常生活中严格要求自己，维护自身形象与信誉。

然而，自尊感的另一面则是脆弱与易受伤害。当自尊心受到挫折时，学生可能会表现出极端情绪甚至行为。在这里，正确引导学生的自尊心变得尤为重要。家长和教师需要注意避免过度肯定，而是要引导他们逐渐构建正确的自我认知。

4.优越感：竞争中的矛盾体验

大学生活的开始往往会给学生带来一种初始的优越感，源自他们在激烈的高考竞争中脱颖而出。但是，这种优越感极易被新的环境适应问题、人际关系问题冲淡。许多学生在面对较高的自我评估以及现实的各类冲突中，容易陷入矛盾的体验。在择业竞争的压力下，这种优越感往往会淡化甚至消失。因此，教育者应引导学生将这种优越感转化为学习动力，以应对各种挑战。

5.爱美感：青春美与内在美的追求

爱美之心人皆有之。大学生对自我外貌、美感的关注尤为明显，不仅在意容貌和身材，更希望通过仪表与风度来展现自我的修养与素质。然而，过度关注外貌也可能引发负面的自我体验，如因自感外貌不足而产生的烦恼。因此，在关注外貌的同时，我们也应该强调内在美的重要性，帮助学生建立积极健康的美感认知。

6.义务感：社会责任的自觉承担

义务感是高职学生成熟自我意识的重要表现之一。他们意识到个人对家庭、社会和国家的义务，从自我认知中汲取积极的能量，力图在国家和社会面临危机时能够挺身而出。这种自我体验使他们在日常生活中表现出强烈的社会责任感和奉献精神。

7.烦恼：多重因素下的情绪波动

烦恼是高职学生众多自我体验中不可避免的一部分。从学业压力、家庭问题、经济困境到人际关系的复杂，每一个因素都可能成为他们烦恼的源头。微小但持久的烦恼，如无法适应学校生活、对未来职业的担忧等，也会给他们带来持续的情绪波动。

二、大学生自我意识的独特性

大学，作为开启人生新篇章的重要阶段，为大学生提供了一个广阔的舞台。相比于高中，大学生活丰富多彩，充满了挑战与机遇。然而，大学生在这一过程中常常发现自己身处一种矛盾与不确定的状态中，这种状态与其独特的自我意识息息相关。

（一）时间上的延缓偿付期

进入大学的那一刻，许多学生感受到一种前所未有的自由与自豪。然而，思想上的独立与经济上的依赖、生理上的成熟与心理社会性成熟的滞后之间往往存在深刻的矛盾。这种矛盾在时间上表现为一种"延缓偿付期"，即大学生虽然到了应该自立并独立承担社会责任的年纪，但相对单纯的校园生活使得这些社会责任从时间上被延缓了。

这种延缓偿付期为大学生提供了更多时间来深思自我，培养独立思考的能力。然而，这也带来了一种"准成人"状态下的心理压力，特别是对于来自贫困家庭的学生。例如，一位来自贫困山区的大学生在作业中写道："每当自己坐在教室里读书时，常常不自觉地想起满头白发的父母，自己本应当挑起家庭的重担，为父母分忧解难，却还要花父母的血汗钱，想来觉得非常难过，感到很不忍心，一种负罪感悄悄地袭上心头。"这一例子生动地反映了延缓偿付期带给学生的深层次心理挑战。

（二）空间上的自主性

大学为学生提供了一个多元文化背景下的学习环境，尤其是网络的广泛应用，为学生提供了无限广阔的、平等自由的学习与交流空间。东西方文化的交融与发展更为大学生自我意识的发展提供了良好的客观条件，使得他们能够在一个更加开放的环境中调整和反思自我。

在多元文化的交融中，学生们不仅要面对和适应来自不同地域、文化和家庭背景的同学，还需要在各种价值观念的冲突和融合中找到自己的位置。这一过程中，他们逐渐建立新的自我，提升自我认识与反思能力。然而，正如前文所述，这样的环境也可能带来一系列的困惑和挑战。例如，大学新生从原来的高中学习环境中进入新的大学学习环境后，原有的自我价值体系在重建中需要较高的反思能力与自我控制能力，"我是优秀的"可能被期末考试的"红灯"打击得一无是处。

（三）自我意识发展的不平衡性

大学时期是人生观、世界观尚在形成与健全之中的阶段，自我意识与自我概念的发展往往表现出明显的不平衡。这种不平衡性主要表现在主我与客我的不一致性上。例如，许多大学高年级学生表示，"长期以来，一直心存优越感，尽管从多种渠道了解到大学生已不再是天之骄子，但在就业市场上遭到冷遇时还是有些受不了"。话语中的无奈和不适，揭示了应对自我意识挑战的重要性。

这种主我与客我的不一致，导致大学生的心理、生理与社会自我发展的不平衡，直接影响自我意识的水平。在这种背景下，大学生需要通过不断的自我调适和反思来平衡自我的各个方面，从而塑造更加稳定和成熟的自我概念。

大学生自我意识的独特性不仅体现在时间上的延缓偿付期、空间上的自主性和自我意识发展的不平衡性上，还体现在大学生所处的特定环境和时代背景中。与同龄群体相比，大学生的生活阅历与学习特点使得他们在面对多种价值体系、文化冲突和个人理想与现实冲突时，能够以更加包容、开放的心态去思考和调整自我。

这些独特性不仅为大学生提供了更好的自我认识与发展机会，也为他们未来的职业和社会角色提供了重要的心理基础和能力储备。通过大学时期的自我探索、反思和成长，大学生们能够更好地应对未来的挑战，在职业选择和社会角色的转变中游刃有余。

心灵成长 ▶

角色觉醒

最晚在西周时期，中国便有了相对完备的成人礼。成人礼是为那些步入成年阶段的青年男女举行的仪式。男子行冠礼，一般在20岁；女子行笄礼，一般在15岁。通过这种仪式，家族和社会向他们传达了一个明确的信息：从此你将从家庭中毫无责任的"孺子"转变为正式步入社会的成人。

只有承担起成年的责任，具备良好的德行，才能成功地扮演各种社会角色。这种传统的仪式可以帮助青年人正视自己即将承担的社会责任，在心理和角色上完成自我认知的转变，宣告自己已步入成年。然而，清代以后，成人礼逐渐被废除，后来人们只能在"不知不觉"中进入成年。

现如今，某些地方偶尔举行成人礼，这一仪式有逐渐复兴的迹象。

在没有成人礼的情况下，你可以从以下几个方面使自己"有知有觉"地迈向成年：

1. 自我责任感：从小事做起，学会为自己的行为负责。例如，家庭中的小事如洗碗、打扫卫生，学校中的任务如按时完成作业，都是培养责任感的好机会。

2. 独立生活技能：学会基本的生活技能，如做饭、理财和时间管理。这不仅能提高你的自理能力，还能让你在进入社会后更好地应对各种挑战。

3. 社会参与：参加社区服务、志愿者活动、实习等，让自己更多地融入社会，了解社会运行的方式，提升自己的人际交往能力和责任感。

4. 伦理与道德教育：多读一些关于伦理和道德的书籍，了解社会的基本规范和价值观，帮助自己在成长过程中建立正确的人生观和价值观。

5. 情感管理：学习处理和表达自己的情感，培养良好的人际关系和情感管理能力。情感成熟是成人的重要标志，不仅能提升自我修养，也能更好地与他人相处。

通过这些方面的努力，即使没有正式的成人礼仪式，你也可以做到"有知有觉"地迈向成年，完成从少年到成年心理和角色的转变。

校正心灵的镜子：大学生常见的自我意识偏差

能量包 ▼

案例一：张某某是某大学的一名学生，他非常渴望在课堂上表现自己。然而，在一次课堂发言时，他注意到有些同学在窃笑和交头接耳。他立刻感到自己的发言不受欢迎，认为同学们在嘲笑自己。渐渐地，他变得焦虑，思路混乱，甚至开始脸红耳赤。这样的情况重复了几次之后，他越来越不敢在公众场合发言，常常为自己的表现感到苦恼。

案例二：梁某某是某电影学院导演系的研究生，身材高大，外表俊朗。然而，他一直对自己的未来感到困惑，认为出名的导演少之又少，加上自己来自外地，学习和生活的压力让他不断质疑自己的能力。最终，他选择了退学，放弃了自己的导演梦。学校老师和同学为梁某某的选择感到惋惜，认为如果他能够正确认识自己，并明确自己的目标，可能会有完全不同的结果。

【扬帆起航】其实，张某某的困扰并不是因为他真正表现得差劲，而是自我意识的发展和自我认知方面的问题导致的误解。他将他人普通的行为解读为针对自己的负面评价，这是一种典型的自我意识偏差。

梁某某面临的巨大压力和生活中的各种挑战，使他对自己的能力不断怀疑，最终选择了放弃。这显然是对自我的一种不合理的否定。

一、大学生自我意识的偏差

在高职教育的背景下，高职学生的心理发展和自我意识的确立显得尤为重要。自我意识直接影响着个人的学习、生活以及未来的职业发展。然而，通过观察和研究发现，高职学生在自我意识的发展过程中，往往会出现自我意识的偏差，这种偏差主要表现为两个极端：自我意识过高和自我意识过弱。

（一）自我意识过高：理想与现实的落差

带有过高自我意识的学生，通常会高估自己的能力和潜力，无法客观看待自己的长处与短处。他们认为理想自我是触手可及的现实，缺乏针对具体情况的理性考虑。这种"智慧的自信"尽管有助于促使自我冒险和创新，但过分膨胀的自我意识也可能带来一系列的问题。

1. 过分追求完美

自我意识过高的大学生过于追求完美，对自我有着不切实际的苛求。这种追求往往导致自我适应障碍。他们希望自己在所有领域都表现出色，不能接受自己的缺陷和失败。这种性格特质虽然在某些情况下可能成为成功的动力，但更多时候会导致严重的情绪问题和心理困扰。

例如，一些高职学生在面对考试或竞赛时过度紧张，甚至为了达到心目中的"完美"而走向极端，不能容忍自己的一点点失误。这些学生需要意识到，完美无缺并非现实中的常态，而接纳自己的不完美才是心理健康的重要前提。

2. 过度自我接受

所谓的"过度自我接受"其实是自我膨胀。他们往往对自己的长处夸大其词，对自己的短处轻描淡写。他们可能会认为自己优于他人，甚至采取忽视他人感受、过分强调个人权利的行为方式。这些行为在校园人际交往中经常引发冲突和矛盾，使他们难以融入集体生活。

3. 过度以自我为中心

以自我为中心是自我意识发展中的一个重要阶段，但过度的以自我为中心会带来消极影响。这些学生无法客观看待他人和环境，往往将个人利益置于集体利益之上，不愿接受批评和建议。这种心理特征在生活和学习中会造成严重的社交障碍和人际关系冲突。

总体而言，自我意识过高的学生在成就动机和自我保护欲望的驱动下，可能会经历更多的内心冲突和挫折，对心理健康和行为发展产生不良影响。

（二）自我意识过弱：自尊的失落与自信的缺乏

与自我意识过高相对，自我意识过弱的学生通常对自己的评价过低，甚至陷入自我否定和自我萎缩的泥潭。在高职院校中，这类学生存在一定比例，他们的心理状态同样需要关注和干预。

1. 自我否定

自我否定是自我意识过弱的一个极端表现。这些学生常常低估自己的能力和价值，对现实我的评价过低，与理想我的差距拉大。他们无法接受当前的自我，也看不到未来的希望和可能性。这种心理状态会导致严重的自卑感、情绪消沉和信心丧失，进一步阻碍个人发展。

例如，一个学生尽管在学校表现优异，却因怀疑自己的能力常觉得不如他人，不敢参与新的挑战和竞赛。久而久之，这种自我否定会限制其潜能的发挥，影响其职业发展。

2. 自我萎缩

自我萎缩是自我意识过弱的另一种表现。这类学生对理想我几乎失去了追求，只能被动接受现实。他们对现状不满，却又缺乏改变的动力，常表现出消极放任和得过且过的态度。这种心理状态不仅影响学习和生活，还可能导致抑郁和其他心理问题。

例如，一个对未来没有期待和计划的学生，可能在面对学业压力时选择逃避，缺乏必要的努力和奋斗，从而陷入恶性循环，无法自拔。

二、大学生常见自我意识偏差的表现及调适

（一）敌对心理与偏执

1. 表现

敌对心理与偏执是大学生中较为普遍的心理现象。敌对心理表现在对周围人和事物怀疑与不信任，容易将别人无意的言辞或行动视为针对自己的攻击，从而产生防御或攻击性反应。这类学生常常认为老师和同学对自己不友好，甚至怀疑他们在背后议论或算计自己。

偏执则是敌对心理的极端表现。偏执型人格障碍者由于长期的多疑与防御机制，导致无法与他人建立正常的人际关系。即便在心理咨询中，也会对咨询师保持高度的怀疑和防御态势。

2. 调适策略

（1）树立积极的心态：每当对同学或老师产生敌意时，提醒自己这些想法是否过度解读，懂得世界上并非都是坏人，多数人还是善意的。

（2）自我分析与反思：事后反思自己的非理性观念，从而进行自我纠正，逐步减少对外界的猜疑和不信任。

（3）学习与他人沟通：多听取他人的意见，学会心平气和地表达自己的观点，有助于缓解紧张的人际关系。

（二）回避型人格与自卑

1. 表现

回避型人格的核心是退缩与逃避，表现在面对挑战时，通常选择回避而非解决问

题。这类学生通常自卑、自信心不足，遇到困难时常常感到无力应对。自卑往往源于幼年的负面经历，比如生理缺陷、家庭环境等，使其在面对新的任务或社交情境时不自觉地避而不见。

自卑的多面镜

在大学的新生欢迎会上，心理学教授程博士设计了一场特别的心理实验。实验旨在帮助学生们理解和面对自卑这一常见却复杂的情绪。

程博士将100名学生分为两组。每组学生各自抽取一个情绪标签，其中一组以自信为主题，另一组则以自卑为主题。任务是在10分钟内通过表演来展示他们抽取的情绪。表演不仅考验学生的即兴能力，还需要他们深刻体会表达情绪的本质。

自卑组的学生明显感到任务艰巨。小莉踌躇上前，她以颤抖的声音说道："我们不如通过展示一个情景来表现自卑。比如，一个学生害怕在课堂上发言，总担心自己会说错，被同学嘲笑。"大家觉得这个建议不错，纷纷献计献策。

最终，他们表演的小片段打动了在场的所有人。小莉就饰演那个害怕发言的学生。当老师点名让她回答问题时，她紧张得手心出汗，低头看着课本不敢直视老师和同学。最终，她语无伦次地回答问题。同学们并没有评价对错，反而用关切的目光看着她。这时，小莉展现出了一种复杂的情绪混合：羞愧、自责甚至有一丝丝的愤怒。

自信组的学生则展现了完全不同的风貌。他们表演了一场课堂辩论，人人踊跃发言，互相支持，毫无畏惧。这一组的讨论也十分有趣。学生们谈到，自信并不是天生的，它往往通过不断尝试积累而成。

表演结束后，程博士邀请大家进行讨论。首先是自卑组的情感分享。小莉说："在表演的时候，我发现自卑并不只是一种消极情绪。它还带有对被拒绝或者评判的恐惧，让人觉得自己总是低人一等。"

另一位小组成员大文补充道："自卑其实有一个正面的面向。它可以促使我们努力变得更好。关键在于，能否把这种情绪化为前进的动力。"

实验的最后阶段，程博士总结道："自卑和自信就像一枚硬币的两面。

自卑会让我们关注自己的不足，但也可以提醒我们去改进；而自信则可以使我们勇往直前，但也需警惕不要自负。"

2.调适策略

（1）提升自我评价：大学生应正确认识自己的优点与能力，避免将自己看得一无是处。积极参与各种活动和挑战，逐渐建立自信心。

（2）积极自我暗示：在面对某种情境时，进行自我鼓励和打气，相信自己能够应对挑战。

（3）向他人学习：主动与人交往，从沟通中获取他人的鼓励和支持，逐步增强面对社会和生活的信心。

（三）冷漠与孤僻

1.表现

冷漠是一种情感防御机制，表现为对周围事物和人漠不关心，似乎没有情绪波动。这类学生可能由于过去的情感创伤或者长时间缺乏关爱，形成了自我封闭的心理。孤僻则是冷漠的另一种表现形式，性格内向，不愿与人交流，对周围人怀有戒备心理，甚至怀疑他们有意伤害自己。

2.调适策略

（1）关注美好事物：主动挖掘生活中感人至深的人间情爱，培养对生活的热爱。

（2）学习爱与关怀：关心身边的人，体会到分享爱与被爱的双重快乐。在别人生病或者遇到困难时，主动给予帮助。

（3）热情待人：强迫自己以热情的方式待人，当内心充满热情时，行为也会相应变得更加热情，这会反过来逐渐淡化内心的冷漠。

（四）自恋与自我中心

1.表现

自恋型人格的大学生通常表现为过度的自我关注和过高的自我评价。这类学生爱听表扬，忌听批评，甚至将别人的建议视作对自己的冒犯。这种过度自信往往来自过去的成功与掌声，使他们忽略自己存在的不足和他人的情感。

2.调适策略

（1）解除自我中心观：许多自恋型行为实际上是对婴儿期自我中心特征的退化，大学生应意识到自己已经成人，需要承担相应的社会角色和责任。

（2）学会爱别人：关心他人，逐渐理解"付出即是收获"的道理。只有尊重别人，才能赢得他人的尊重。

（3）接受批评与反馈：学会从他人的批评中找到自己的不足，并加以改正。这不仅会帮助自己成长，也能更好地融入社会。

（五）依赖与怯懦

1. 表现

依赖型人格倾向表现在不果断、缺乏判断能力和安全感，往往寄希望于他人。在人际交往中，他们会表现出不自信和过度的顺从。怯懦则表现为害怕与他人交往，面对冲突选择逃避，影响到正常的人际关系和心理健康。

2. 调适策略

（1）培养独立性：增强自主意识，逐步减少对他人的依赖，学会独立思考和决策。

（2）积极地自我暗示：积极地自我暗示可以增强自信心，在日常生活中可以逐步担当更多的责任。

（3）建立支持系统：与亲友建立更深厚的情感联系，得到他们的支持和鼓励。

（六）猜忌

1. 表现

有猜忌心理的大学生容易对他人的善意行为持怀疑态度。他们可能会认为同学间的友好交流背后藏有肮脏的心思，或者认为老师的特别关照是另有图谋。

猜忌者通常难以与朋友建立起牢固的信任关系。他们动辄怀疑朋友在背后议论自己，或是猜测别人总在合谋中对自己不利。

在猜忌的心态驱使下，大学生也常常自我怀疑，觉得自己处处被人误解和低估。他们不敢接受别人的赞美，总觉得那不过是客套话。

在日常交往中，猜忌者容易过分解释他人言行。例如，看到室友和同学悄悄说话，就怀疑是在背后说自己的坏话；见别人学习用功，便认为对方是想在成绩上超过自己。

2. 调适策略

（1）树立积极开放的心态：树立坦荡的心态是消除猜忌心理的第一步。《论语》有云："其身正，不令而行；其身不正，虽令不从。"意思是说，如果你内心坦荡，自然能赢得他人的信任和好感。坦荡无私的心态能使你对他人的行为采取更宽容的态度，也有助于减少不必要的怀疑。

（2）学会客观分析：抛弃成见和负面的自我暗示，学会客观地分析他人和自身的行为，用事实来消除成见和驱除自我暗示。例如，如果你觉得朋友对你有所隐瞒，不妨回顾一下对方的整体行为，而不是抓住一两个细节无限放大。

（3）加强沟通：与他人开诚布公地交流，是建立信任的关键。心中有疑虑，及时解决，不要在心中堆积。通过交流，你会发现许多问题不过是小误会，一笑泯恩仇，彼此间的隔阂和猜疑也会因此减少。

（4）增强自信：建立自信是解除猜忌心理的秘诀。缺乏自信的人总是容易将自己置于糟糕的境地。只有充分肯定自己的价值，才能坦然面对他人的评价和行为。

（5）警惕但不疑神疑鬼：当心中产生猜忌，不妨有所警惕，但不要过早表现出来。学会多角度思考，避免因个人的主观臆测损伤无辜者的情感。在客观事实未充分证明之前，不要轻易下结论，这样才能避免不必要的误会与冲突。

模块四

完善自我之旅：大学生自我意识的完善

能量包 ▼

小李是大一新生，性格内向，不善言辞，常常感到孤独和自卑。刚入学时，他经常躲在图书馆的一角，甚至连参加社团活动的勇气都没有。一次偶然的机会，他看到了一则招募志愿者的启事，决定试试看。初次参加志愿者活动，小李内心充满不安和紧张，但在活动中他感受到了浓厚的团队氛围和真诚的友谊。通过不断的互动，他逐渐发现自己其实具备良好的沟通和组织能力，也开始主动承担更多的任务。随着时间的推移，小李从一名普通志愿者成长为核心成员，甚至担任了校内志愿者组织的副主席。在这个过程中，小李的自我意识不断完善。他学会了坦然面对自己的不足，同时也深刻认识到了自己的优势和潜力。通过帮助他人，他不仅提升了自己的社会交往能力，还培养了团队合作精神和领导才能。

【扬帆起航】自我意识的完善是一个不断探索和进步的过程，大学提供了丰富的机会，让学生们在各种挑战和实践中深刻认识自己，提升自身的综合素质。

人生的道路上，健全的自我意识不仅是心理健康的基石，更是你我追求卓越与幸福的指南针。特别是在这个瞬息万变的社会中，高职学校的学生面临的不仅仅是学业的重压，还有复杂的人际关系及未来就业的挑战。然而，如何在这样一个多元压力的环境中，保持内心的自尊、自信，并实现自我价值呢？

一、健全自我意识的标准

（一）自我定位准确

自我定位准确，即能够准确地认知与评价自我。这是健全自我意识的第一步。一个能够不夸大自身优势与不足的人，绝不会沉迷于虚幻的自我吹嘘或陷入自我怀疑的泥潭。而这种准确的自我认识，是我们进行人生态度规划和行动目标设定的基础。

（二）积极而客观

积极而客观地体验与评价自我，是在压力和挑战中保持心态平衡的重要方法。在高职生活中，学业、生活、就业压力不容小觑，很多同学因此感到迷茫和困惑。此时，拥有积极的心态，能够帮助我们在逆境中找到前进的动力，体验到愉悦的情绪，从而逐步过渡到心理平衡的状态。

积极的自我评价不仅包括对自身优点的认可，同时包括对自身不足的接纳和改进。只有客观地看待问题，才能在学习与生活中保持清醒的头脑，不被外界的评价与挑战困扰。

（三）自尊与自信

自尊是一种对自身的尊重和认同，保持自尊不仅关乎个人的言行和人格，更是一种在社会中维护荣誉与地位的意识倾向。自信则是建立在自我肯定基础上的一种信心，推动我们向更高的领域进发。这两者相辅相成，共同构成健全自我意识的核心部分。

（四）能有效自我控制

没有自我控制的状态，就如同没有制动的汽车，危险无处不在。自我控制是我们抵御诱惑、保持行为理智的关键。孔子提到的"修身克己"、柏拉图的"节制"以及亚里士多德的理智行为，都是对自我控制的重要性的阐述。

（五）自主并善于合作

自主分析问题并善于合作，是现代社会对个人能力的双重要求。独立、明确的自我意识和社会互动中的合作精神相辅相成，高职学生在独立思考和合作中可以不断提升自己的综合素质。

在团队项目中，学会聆听他人意见，同时能够提出自己独到的见解，是推进工作和个人成长的有效路径。这种能力不仅在学业中显得尤为重要，在未来的职场中同样需要不断锻炼和提升。

二、大学生自我意识完善的途径

在大学生涯中，完善自我意识并不只是一句口号，而是一个需要不断努力的过程。作为一名高职学生，掌握如何全面、正确地认识自我，进而完善自我，不仅是提升个人竞争力的必要手段，更是实现自我价值和社会价值的重要途径。

（一）全面认识自我

"知人者智，自知者明。"全面认识自我是建立健全自我意识的基础。那么，在错综复杂的现代环境中，我们应如何全面、正确地认识自我呢？

1. 他人为镜，反省自己

心理学家库利提出的"镜中我"理论强调，个体的自我意识是他人态度或评价在自我头脑中的反映。大学生可以通过旁观者的视角来反观自己，听取他人的态度和评价，以修正自己的认知偏差。并非每个他人的评价都绝对正确，关键在于取其精华，去其糟粕，形成自己的看法。

2. 比较中发现自我

唐太宗李世民的话揭示了比较的重要性："以铜为镜，可以正衣冠；以人为镜，可以明得失。"与他人比较，可以发现自身的不足与长处。与比自己优秀的人比较，帮助发现自己的短板；与稍逊一筹的人比较，则能提升自信心。而"己比己"则通过过往和未来的自己比对，明确进步的方向和不足之处。

3. 成败中的自我探讨

成败乃是人生的常态，每一次经验和教训都是一次自我反思的机会。不断地总结成功和失败的原因，分析经验和教训中的得失，可以更准确地把握自己的优势和不足。尤其对于自我意识较脆弱的学生，正确对待失败尤为重要。提升自我修养和心理韧性，可以更有勇气迎接未来的挑战。

4. 科学工具助力自我认知

现代科学技术的进步为我们提供了更加客观的自我认识手段，如生理、心理测验和检查工具，智力水平、性格特征等测试，都可以为自我认知提供科学的数据支持。我们应善用这些工具，结合自我体验，形成更加全面的自我认知。

（二）悦纳自我

正确认识自我是第一步，但要真正成长为最好的自己，还需要学会悦纳自我。学习如何接纳、认可自己的优点和缺点，是建立健康自我意识的关键。

1. 公正评价自我

悦纳自我首先需要全面、公正地评价自我，对自己的优点和缺点既不夸大也不贬低。如此，才能扬长避短，通过自我改进实现自我提升。

2. 对待短处的智慧

短处有两种，一种可以改进，如不良习惯；另一种则无法改变，如身体上的某些缺陷。对于前者，应及时改正，不逃避责任；而对后者，则应坦然接受，勇敢面对，并将注意力放在自身更具优势的方面。

3. 正确对待失败

不少大学生在面对失败时会自责甚至贬低自己。其实，失败并非人生的终点，而是一堂重要的课程。只有正确对待失败，吸取教训，使之转化为未来成功的基石，才能真正走向成熟。

（三）改造自我

1. 设立切实可行的目标

自我控制的一个重要方面在于设定符合个人实际情况的目标。将远大的理想分解成一个个实际的子目标，通过逐步实现这些目标，可以建立信心并增强自我效能感。

2. 加强自尊心和自信心

自尊心和自信心是实现自我理想的重要动力。大学生可以通过积极的思考，培养自己对成功的坚定信念，从而增强挫折承受力并继续努力。

3. 培养坚韧意志

要实现自我控制，还需要培养顽强的意志力。通过各种形式的磨炼，从小处做起，逐步增强自己在面对困难和挫折时的应对能力，逐步提升自制力和耐力。

（四）完善自我

完善自我的过程是一个不断超越旧自我、塑造新自我的过程。对于大学生特别是高职生来说，应毫不畏惧地参加各类学习与实践活动，通过这些经历促进自我发展。

1. 实践中成长

大学生活丰富多彩，社团活动、社会实践、学术研究都是提升自我的良好途径。通过这些经历，可以积累宝贵的经验，并不断完善自我。

2.建立正确的世界观、人生观和价值观

完善自我不仅仅是个人能力的提升，更是思维方式和价值观的确立。不断地学习和反思，树立正确的人生目标和价值观，才能更好地实现个人价值与社会价值的统一。

• • • • 青春 训练营 • • • •

自我训练：自我调查表

首先，请用8分钟左右的时间将下面表格中最左侧的一列补充完整。你可以自行添加任何对你重要的东西或者评价标准，如身高、体重、相貌、家庭出身、文化程度、性格等。请至少写出10项内容。

项目	真实的我	理想的我	别人眼中的我

现在，你可以填写答案了。你可以竖向填写，即一鼓作气填出真实的"我"的情况。如身高1.60米，体重45千克，性别女，家庭出身工人等。当这一栏填写完之后，你的大致情况也就清晰地反映出来了。你再填右边那一栏，即"理想的我"。建议你也一次性完成。如身高，你希望自己再高一点，要1.68米，那就大大方方地填上，不必担心它是否能实现，只要是你希望的，那就写出来。又如，家庭出身，你希望出生

在书香门第，那么也大方地写出来。总之你怎样希望的，就怎样写出来，不要嘲笑也不要批判自己。只要是真实的想法，就要承认它有存在的理由。填完"理想的我"，你就可以动手描绘"别人眼中的我"了。很多大学生在填写这一栏时愁肠百结，因为他们并不知晓自己在他人眼中的形象。如果你也是这样，不妨趁这个机会问一问身边亲近的人，看看他们对你的看法，相信你会有不一样的收获。

你也可以横向填写。如家庭出身，你本来出身农民家庭，你期望自己生在富商之家，而由于你的文化修养不错，大家都以为你来自教师家庭，那么在这一项里，你可以依次填写农民、富商、教师。填完一项再接着填下一项。

当你完成了这张表格，相信你会惊喜地发现你对自己的认识比之前清晰许多。

接下来，让我们一起分析这张表格吧。

首先来看看"真实的我"与"理想的我"。数一数，你写了多少项，它们不相符的有多少项。是不是很吃惊？原来我们满纸写下来，却发现我们所拥有的，我们并不满意！那么思考一下，这些不相符的项目里，哪些是可以改变的，如何改变，改变的代价你能否承受；哪些是不能改变的，你将如何对待这些自己不能改变的方面。一起来看一个真实的故事。

一个一直渴望能成为一名歌星的女人，容貌是她最大的致命伤。当她第一次登台唱歌时，为了掩饰一口难看的牙齿，她尽量拉长上嘴唇，希望能盖住，结果她的样子变得更加滑稽可笑，演唱会彻底失败了。一位观众听了她的歌，认为她很有天分，对她说："我看了你的表演，知道你想隐瞒什么，你对自己的牙齿感到懊恼。"她听了满脸通红。这位观众继续说："牙齿不好又能怎样？难道那也是罪过吗？不要去隐藏它们，张大嘴大声唱出来，观众会喜欢你。"女人接纳了这个观众的劝告，忘记了牙齿的缺陷，专心地演唱，后来成为歌坛上一颗闪亮的星星，很多人想模仿她，尤其是她张大嘴、露出牙齿陶醉歌唱的样子。

所以，千万不要小看接纳自己不完美这件事，它是接纳世界万物的门票。如果不能接纳自己，我们的人生也许会因此倾斜甚至疯狂。

（资料来源：高兰主编，《大学生心理健康教育——心灵成长自助手册》，

教育科学出版社，有改动）

心海 实战

自我和谐量表（SCCS）

下面是一些个人对自己看法的陈述，填写时，请你看清每句话的意思，然后圈选一个数字（1代表该句话完全不符合你的情况，2代表比较不符合你的情况，3代表不确定，4代表比较符合你的情况，5代表完全符合你的情况），以代表该句话与你现在对自己的看法相符合的程度。每个人对自己的看法都有其独特性，因此答案是没有对错的，你只要如实回答就行了。

1. 我周围的人往往觉得我对自己的看法有些矛盾。 1 2 3 4 5

2. 有时我会对自己在某方面的表现不满意。 1 2 3 4 5

3. 每当遇到困难，我总是首先分析造成困难的原因。 1 2 3 4 5

4. 我很难恰当表达我对别人的情感反应。 1 2 3 4 5

5. 我对很多事情都有自己的观点，但我并不要求别人也与我一样。 1 2 3 4 5

6. 我一旦形成对事物的看法，就不会再改变。 1 2 3 4 5

7. 我经常对自己的行为不满意。 1 2 3 4 5

8. 尽管有时要做一些不愿意的事，但我基本上是按自己意愿办事的。 1 2 3 4 5

9. 一件事好就是好，不好就是不好，没有什么可含糊的。 1 2 3 4 5

10. 如果我在某件事上不顺利，我往往会怀疑自己的能力。 1 2 3 4 5

11. 我有几个知心朋友。 1 2 3 4 5

12. 我觉得我所做的很多事情都是不该做的。 1 2 3 4 5

13. 不论别人怎么说，我的观点决不改变。 1 2 3 4 5

14. 别人常常会误解我对他们的好意。 1 2 3 4 5

15. 很多情况下我不得不对自己的能力表示怀疑。 1 2 3 4 5

16. 我朋友中有些是与我截然不同的人，这并不影响我们的关系。 1 2 3 4 5

17. 与朋友交往过多容易暴露自己的隐私。 1 2 3 4 5

18. 我很了解自己对周围人的情感。 1 2 3 4 5

19. 我觉得自己目前的处境与我的要求相距太远。 1 2 3 4 5

20. 我很少去想自己所做的事是否应该。 1 2 3 4 5

21. 我所遇到的很多问题都无法自己解决。　　　　　　1 2 3 4 5

22. 我很清楚自己是什么样的人。　　　　　　　　　　1 2 3 4 5

23. 我能自如地表达我所要表达的意思。　　　　　　　1 2 3 4 5

24. 如果有足够的证据，我也可以改变自己的观点。　　1 2 3 4 5

25. 我很少考虑自己是一个什么样的人。　　　　　　　1 2 3 4 5

26. 把心里话告诉别人不仅得不到帮助，还可能招致麻烦。　1 2 3 4 5

27. 在遇到问题时，我总觉得别人都离我很远。　　　　1 2 3 4 5

28. 我觉得很难发挥出自己应有的水平。　　　　　　　1 2 3 4 5

29. 我很担心自己的所作所为会引起别人的误解。　　　1 2 3 4 5

30. 如果我发现自己某些方面表现不佳，总希望尽快弥补。　1 2 3 4 5

31. 每个人都在忙自己的事，很难与他们沟通。　　　　1 2 3 4 5

32. 我认为能力再强的人也可能遇到难题。　　　　　　1 2 3 4 5

33. 我经常感到自己是孤立无援的。　　　　　　　　　1 2 3 4 5

34. 一旦遇到麻烦，无论怎样做都无济于事。　　　　　1 2 3 4 5

35. 我总能清楚地了解自己的感受。　　　　　　　　　1 2 3 4 5

计分方法和结果说明

该量表可分为三个分量表，各分量表的得分为其包含的项目分直接相加。

三个分量表包含的项目如下：

（1）自我与经验的不和谐：1、4、7、10、12、14、15、17、19、21、23、27、28、29、31、33，共16项。

（2）自我的灵活性：2、3、5、8、11、16、18、22、24、30、32、35，共12项。

（3）自我的刻板性：6、9、13、20、25、26、34，共7项。

将自我的灵活性反向计分（即选1计5分，选2计4分，选3计3分，选4计2分，选5计1分），再与其他两个分量表分数相加。得分越高，表示自我和谐度越低。在大学生中，低于74分为低分组，75~102分为中间组，103分以上为高分组。

精彩"心"赏

《活着》

余华的《活着》是一部充满深刻人生智慧的著作，不仅在字里行间剖开了人性的脆弱与坚韧，也让读者在主人公福贵的悲剧命运中看到了自我意识的觉醒与探寻。

1. 自我意识的觉醒

在《活着》中，主人公福贵经历了种种巨大的苦难，从家庭的破败，到亲人一个个离世，人生中原有的目标与期待一再被摧毁。在这样的背景下，福贵的自我意识逐渐从一个依附于外界物质和人际关系的状态，转向了对自身存在价值的深刻认知。最初，福贵是一个纨绔子弟，借助家里的财力、地位肆意挥霍自己的人生。然而，当家庭败落，亲人离世，福贵被彻底推向了失落与无助的深渊，他在苦难面前不得不静下心来反思自己的存在价值，并重新认识自己与这个世界的关系。

2. 自我认知与价值重新建构

自我认知的过程在《活着》中处处可见。随着情节的发展，福贵逐渐学会了在苦难中发现生活的意义。他开始重新审视那些平凡而琐碎的事物，正是这些看似微不足道的细节，构成了他重新构建自我价值的基石。从福贵在农田里的默默耕耘，到他对孙子的关爱与教导，这一切看似平凡的日常活动，其实都是福贵在重构自我认知中找回生活意义的表现。

3. 自我意识的力量

余华通过福贵这一角色的塑造，深刻探讨了自我意识在苦难中的作用。自我意识的觉醒让福贵能够在逆境中坚持下来，他不再是那个轻易被环境左右的人，而是一个拥有坚韧意志和独立思考能力的个体。这种自我意识的力量让他能够坦然面对生与死，能够理解亲情、家庭及生命的真正意义。在小说的最后，福贵已不再是那个追逐外部成就的人，而是一个真正懂得珍惜生活、感恩生命的人。

福贵的故事其实是一场关于自我发现与重塑的旅程，它启发我们即使在最绝望的境遇中，也要通过反复审视内心来寻找生命的意义。福贵的经历告诉我们，自我意识的觉醒与坚持，是我们在面对生活苦难时最为宝贵的精神财富。

专题三 探索自我 绽放魅力
——大学生气质与性格

课堂在线

多维度性格交织的社交之旅

假设你参加了一场聚会，其间你结识了性格各异的人，包括真诚的、善解人意的、乐于助人的、体贴的、热情的、善良的、活泼开朗的、风趣幽默的、聪明能干的、自信的、心胸宽广的、严肃认真的、脾气古怪的、自私自利的、自负傲慢的、虚伪的、恶毒的、脾气暴躁的、孤僻的、冷漠的、固执的、心胸狭窄的等。

活动流程

1. 个人反思

在心底对自己做个评估（无须说出来）：你认为自己拥有上述哪些性格特征？

2. 小组讨论

分小组讨论：你最不愿意和哪三种性格的人交朋友？最希望与哪三种性格的人成为朋友？请简单说明理由。讨论期间，仔细倾听小组成员对自己性格的评价，以更好地了解自己性格在人际交往中的受欢迎程度。

3. 性格评分

根据讨论的喜好程度为各种性格特征打分。喜欢的性格根据其喜好程度分别计+3、+2、+1分；不喜欢的性格分别计-3、-2、-1分。最后由小组长整理组内成员的打分结果，得出各种性格的人际魅力指数。

讨论题目

1. 你认为倾听别人的描述，体察对方的感受和想法容易吗？

2. 你是怎么体察他人感受的？

3. 当你说出你的经历，对方能够感知到你的感受和想法时，你有何感受？

活动目的

通过这个活动，同学们可以更好地了解自己的性格特点，理解不同性格在社交中的影响，以及学会如何在复杂的社会交往中与他人和谐共处。这些讨论有助于同学们建立更加包容和理解的交际态度，同时提升他们在人际交往中的沟通和共情能力。

气质的密码：大学生气质概述

气质作为个体心理特征的重要组成部分，不仅影响我们的情感、行为和思维方式，还深刻影响我们的社会关系和心理健康。了解并认识气质的概念，对高职学生来说尤为重要。通过了解自己的气质类型，学生可以更好地认识自己，提高自我调适能力，增强心理健康水平，从而更好地适应大学生活的挑战和变化。

一、气质的概念及特征

（一）气质的概念

"气质"一词被用来描述人们的兴奋、激动、喜怒无常等心理特征。如今，在心理学领域，气质是指个体心理活动和行为方式的动力特征，这些特点在不同的环境和活动中表现得相对稳定。例如，我们常常可以看到有些人总是活泼好动、反应灵敏，而另一些人则安静稳重、反应缓慢。这些差异即是我们日常生活中提到的气质差异。

（二）气质的特征

1.动力特征

气质是个体心理活动和行为的动力特征。它不是推动个体进行活动的心理原因，而是一种稳定的心理活动特征。它不受个体活动的目的和动机的影响，也不决定活动的具体方向。例如，一个具有安静迟缓气质的人，不论是在学习、工作、考试、演说还是比赛等各种活动中，都会表现出类似的动力特点。这样的人在处理任务时，通常会表现得相对安静且反应较迟缓。

2.天赋性和稳定性

气质具有较强的天赋性和稳定性。研究表明，人的气质特征在出生后的不久就可以观察到。在儿童的早期发展阶段，对刺激的敏感度和对新事物的反应便有所不同。

例如，有些婴儿好哭、好动，而有些婴儿则安静、很少哭闹。

这些气质特点在个体成长过程中表现得愈加明显，并且具有相对的稳定性。尽管气质可以在某种程度上随着环境和教育的影响而变化，但其本质是十分稳定的。

3. 可塑性

尽管气质具有先天性，但它并不是一成不变的。生活环境和教育可以在一定程度上改造气质。例如，生活的坎坷或事业的挫折，可能会使一个活泼好动的青年变成一个沉默寡言、行动拘谨的人。

一般来说，气质随年龄变化而变化。少年时期，个体表现为好动、敏捷、热情、积极、急躁、轻浮；中年时期，兴奋与抑制平衡，表现为坚毅、深沉；而到了老年，兴奋性减弱，抑制性增强，表现为沉着、冷静、动作缓慢、不灵活。

4. 无好坏之分

气质本身没有好坏之分，它仅仅给个体的言行涂上了独特的色彩。相同的气质类型，既可能形成品德高尚、有益于社会的人，也可能演变成道德败坏、有害于社会的人。因此，气质显然不能决定一个人的社会价值和道德评价。

此外，任何气质类型的人在不同实践领域都可能取得成就，也可能碌碌无为。气质的稳定性和可塑性使得个体可以通过环境、教育和自我努力不断优化自己的心理特征。

二、有关气质的学说

（一）阴阳五行说

在中国古代哲学中，阴阳五行学说被广泛应用于解释自然现象和人类行为。阴阳五行学说将人类气质分为太阴、少阴、太阳、少阳和阴阳平和五类，每种类型的人具有不同的身体形态和心理特征。例如，太阴型的人通常体态丰盈，情绪稳定；少阳型的人多才多艺，行动积极。

与西方的气质理论相比，阴阳五行说更关注人的整体性与平衡性，强调心理和生理之间的相互作用。这种全观的视角在现代心理学研究中仍有其应用价值。

（二）体型说

德国精神病学家克瑞奇米尔（Kretscher）根据对精神病患者的临床观察，提出了按体型划分气质类型的理论。他认为人的身体结构与气质特点及可能患的精神病种类之间有一定的关系。克瑞奇米尔将人分为肥胖型、瘦长型和斗士型，这三种体型分别对应躁郁型气质、分裂型气质和黏着型气质。

例如，瘦长型的人通常内向、退缩，容易患精神分裂症；肥胖型的人则活泼、好动，但情绪不稳定。这一理论强调体型与气质的关系，为理解气质的生理基础提供了借鉴。

（三）体液学说

体液学说（Humorism 或 Humoralism）是古希腊的医学理论之一，这种理论认为人体是由四种体液组成的——血液、黏液、黄胆汁和黑胆汁。体液学说不但在古希腊及古罗马广泛传播，而且对东西方医学的发展产生了深远的影响。

体液学说的具体起源已经无法考证，可能源自古埃及或美索不达米亚医学。但它被体系化的过程开始于古希腊哲学家，比如泰利斯（Thales）提出水是万物之源，而恩培多克勒（Empedocles）则提出了四元素说，火、水、土、气为万物根本。在希波克拉底（Hippocrates）的著作中，这一学说被进一步完善。他提出四体液学说，认为血液、黏液、黄胆汁和黑胆汁分别对应四大元素，它们在人体内的比例决定了人的健康状态和性格气质。

四体液不仅与人的身体健康有关，还被用来解释人的性格特点。盖伦（Galen）在希波克拉底学说的基础上，提出了十三种气质类型和经典的四种气质。

1. 胆汁质（Choleric）：与黄胆汁对应，性情急躁，动作迅猛，情绪易激易平。

2. 多血质（Sanguine）：与血液对应，性情活跃，动作灵敏，情绪变化快但强度低。

3. 黏液质（Phlegmatic）：与黏液对应，性情沉静，动作迟缓，情绪平稳，脾气温和。

4. 抑郁质（Melancholic）：与黑胆汁对应，性情较为脆弱，情绪体验深刻且持久，容易多愁善感。

这种学说缺乏生理支持，现代医学已经远离了体液学说，但气质的四类名称被沿用下来。

（四）巴甫洛夫高级神经活动类型学说

巴甫洛夫（Ivan Pavlov）是苏联著名的生理学家、心理学家和医学家，以其对高级神经活动学说的重大贡献而闻名。巴甫洛夫深入研究了动物和人类的神经系统，最终奠定了高级神经活动生理学的基础，并提出了关于人类气质类型的理论。

按照巴甫洛夫的学说，人的气质类型可以分为四种，分别是：多血质、胆汁质、黏液质和抑郁质。这四种气质类型与其对应的高级神经活动类型紧密相关，具体分为活泼型、不可遏制型、安静型和抑郁型。

1. 多血质（活泼型）

多血质的个体情绪容易激动并且波动较大，对外界事物反应灵敏，干事凭兴趣，并善于交际。在高级神经活动中，多血质被归类为"活泼型"，这代表其神经活动具有较强的兴奋过程和抑制过程，且反应迅速、灵活机动。典型的代表人物如文学家郭沫若和《红楼梦》中的王熙凤。

王熙凤的多血质特征

《红楼梦》中的王熙凤是一个典型的多血质人物，她的个性充满了活力和感情色彩。对王熙凤的解读可以更清晰地理解多血质个体的特点。

1. 情绪波动大，反应灵敏

王熙凤在《红楼梦》中表现出强烈的情绪波动和迅速的反应能力。例如，在面对家庭内部复杂的人际关系时，她总是能够快速调整自己的情绪和策略，以应对各种挑战。她的情绪反应往往是直接而强烈的，体现出典型的多血质特点。

2. 社交能力强，注重人际关系

王熙凤善于处理各种社交场合，不论是在家族内部的事务，还是在外界的交际，她都表现得游刃有余。她可以在短时间内与人建立良好的关系，利用自己的社交能力来达到目的。这种特征与多血质个体善于交际、重视社交关系的特点高度吻合。

3. 情感丰富，表达直接

王熙凤的情感表达非常直接，常常能够感染周围的人。例如，她对贾府的维护和对家族的忠诚都是通过富有情感的语言和行动表现出来的。她感情的直接表达，使她在贾府中有极大影响力，也是多血质个体情感丰富、表达直接的具体体现。

4. 机智灵活，善于应变

多血质个体通常具备较高的灵活性和应变能力，王熙凤的机智和灵活在书中描绘得淋漓尽致。无论是面对家族内的钩心斗角，还是处理突发事件，她都能迅速制定有效的策略，展现出非凡的应变能力。这种灵活应变也是多血质个体的典型特征。

王熙凤作为《红楼梦》中的重要人物，她的多血质个性展示了巴甫洛夫高级神经活动类型学说中"活泼型"。她的情感丰富、机智灵活、社交能力强等特征，使她成为家族中不可或缺的重要人物，也为我们深入理解多血质这一气质类型提供了生动的例证。

2. 胆汁质（不可遏制型）

胆汁质个体具有高度情绪兴奋性、易冲动的特性，其性格直率、抑制力较差，精力旺盛但情绪急躁，作风简单粗暴。在高级神经活动类型中，胆汁质被归类为"不可遏制型"，其神经活动表现为强而不平衡，即兴奋强于抑制的过程。文学作品上的张飞和李逵是这种类型的典型代表。

3. 黏液质（安静型）

黏液质的人不容易激动，表情变化不大，情绪较为稳定，注意力集中且不易转移，善于忍耐。安静型的神经活动类型表现为平衡但不灵活的特性，即兴奋和抑制过程均较强，但转换较为迟缓。这种类型的人通常表现为安静稳重、踏实可靠，如许多科学家常表现出这一典型特征。

4. 抑郁质（抑制型）

抑郁质个体的情绪兴奋性低且稳定，对外界刺激反应较慢且不灵活，其行为通常表现为孤僻、多愁善感、不善交际。抑郁质在高级神经活动类型中对应"抑制型"，其神经活动表现为兴奋和抑制过程均较弱，常表现出胆小畏缩和消极防御。林黛玉是这一气质类型的经典代表。

近年来，巴甫洛夫的学说在心理学和生理学领域的影响力越来越大，为我们理解人类行为和心理状态提供了理论基础和研究方向。通过掌握高级神经活动类型学说，我们不仅可以更好地了解自身的气质构成，还可以在社交、教育和职场等方面实现更有效的自我调节和相互理解。在实际应用中，我们可以利用巴甫洛夫的理论，通过识别和理解自己的气质类型，进行更有效的自我发展和行为调整，这对于个人素质的提升和社会生活的顺利进行均有莫大的帮助。同时，了解他人的气质特性，也有助于提高人际交往的质量，建立更加和谐的人际关系。

三、气质的应用

职业选择不仅仅关乎个人能力和兴趣爱好，内在气质也是影响职业成功的重要因素之一。当我们面临职业选择时，了解自己的气质特点，并将其有效应用到职业选择中，将大大提高自我的职业成就感和幸福感。

（一）胆汁质气质的职业选择

胆汁质的主要特征是直率、热情、精力旺盛，脾气急躁且易冲动，反应迅速，心境变化剧烈。具有这种气质的人主动性强，具有明显的竞争意识。在职场上，他们敢于冒险，喜欢面对挑战，有着高度的执行力。对于胆汁质的学生来说，他们适合那些竞争激烈、冒险性和风险性较高的职业，或者需要大量对外沟通的社会服务型职业。

推荐职业：

1. 活动策划：需要创新和实施的能力，适合胆汁质的人积极主动的特点。

2. 探险者：适合喜欢冒险和挑战，对胆汁质的人来说是职业的天堂。

3. 销售人员：需不断与客户打交道，适合胆汁质的人热情和开朗的气质。

4. 企业管理：需决策和领导能力，容易引起拳头冲动。

（二）多血质气质的职业选择

多血质的主要特征是活泼、好动、敏感，反应快且善于交际，兴趣与情绪易转换。具有这种气质的人擅长推销自己，适应性强，深受用人单位的欢迎。他们在选择职业时，适合那些需要大量人际交往和快速反应的工作。

推荐职业：

1. 记者：需快速反应和灵活应对多变的新闻环境。

2. 律师：需快速分析和应变能力。

3. 公关人员：需出色的交际能力，适合与不同类型的人打交道。

4. 艺术工作者：需丰富的情感表达和变化，匹配多血质的敏感特点。

（三）黏液质气质的职业选择

黏液质的主要特征是安静、稳定、反应迟缓、沉默寡言，情绪不易外露，善于忍耐。黏液质的人在职场上表现为沉着冷静，有着执着追求、坚持不懈的韧性，适合那些需要长期专注和高度稳定的职业。

推荐职业：

1. 医务工作者：需高度忍耐力和稳定的情绪。

2. 图书管理：需安静和长期的专注。

3. 情报翻译：需严谨和持久的集中注意力。

4. 会计：需沉稳和精确的工作态度。

（四）抑郁质气质的职业选择

抑郁质的主要特征是情绪体验深刻、孤僻、敏感、细致，行动迟缓，感受性强。

具有这种气质的人思虑周密，行事有步骤、有计划，适合那些需要深入思考和精细操作的职业。

推荐职业：

1. 科研工作者：需高度的耐心和缜密的思维。

2. 软件开发：需技术和细心，适合抑郁质人的思维方式。

3. 作家：需深刻的情感体验和细腻的表达。

4. 考古学家：需投入大量时间和细致的观察

不同气质类型并无优劣之分，每种气质都有其独特的优点和价值。找到适合自己气质的职业，你将不仅能实现个人价值，还能在工作中找到真正的乐趣和意义。

模块二

性格的笔触：大学生性格概述

能量包 ▼

以勇气和创新书写科学华章

屠呦呦，这个名字闪烁着光辉，不仅是中国医学界的骄傲，更是全球科学界的楷模。作为一名杰出的药学家，她凭借在青蒿素抗疟药研究中的卓越贡献，赢得了诺贝尔奖的殊荣。屠呦呦的成就彰显了她非凡的性格魅力：创新的胆识与不懈的勇气。

在 20 世纪 60 年代，疟疾肆虐世界，已知药物疗效有限，患者数量急剧增加。面对这一严峻挑战，屠呦呦肩负起了探寻新疗法的重任。在经历了无数次挫败和实验失败之后，她没有选择放弃，而是深怀对中药宝库的信仰，重新审视古老草药的潜在价值。她采用了一种匠心独运的方法，从中华传统草药青蒿中提取有效成分。一开始虽然有些令人振奋的结果，但更多的时候她面对的是科学实验中的层层障碍和挫折。她从不拘泥于前人的经验，勇敢地挑战传统提取方法，经过一系列理性分析和反复实验，最终发现了青蒿素的最佳提取方案。这一发现不仅为全球疟疾防治带来了福音，同时也开辟了现代药学与传统中医药结合研究的新路径。

屠呦呦的成就离不开科研团队的支持，但更为重要的是她自身的坚持和勇气。她敢于打破常规，不怕走上前人未曾涉足的道路，最终成就了一项伟大的科学发现。她的这份精神，让我们看到了科学家超凡的洞察力和坚持不懈的探索精神。

屠呦呦的胆识和创新不仅激励了医学界的研发者，也激励了无数领域的创新者。屠呦呦用她的行动向世人证明，科学不仅需要坚韧的内心和执着的信念，更需要勇于打破传统框架、追求未知的勇气和智慧。她就像一位无畏的勇士，敢于走向科学的最前沿，用智慧和勇气为人类健康撑起一片新的天空。

科学探索的道路从来都不平坦。正是那些勇于创新、敢于挑战、服务社会的科学家，绘就了人类文明不断进步的重要一笔。他们不仅成就了自己，更推动了整个科学事业的发展，为社会带来了宝贵的精神财富。屠呦呦，以她独有的勇气和创新精神，给我们展示了科学家应有的风采和人格魅力。

一、性格的概念

性格（character）一词源于希腊语，原意是"雕刻的痕迹"。性格反映了客观事物，特别是社会环境在人的认知、情绪和意志活动中的影响，这些影响在个体中被保存并固定下来，形成特定的态度体系，并通过个体的行为表现出来，构成个人特有的行为方式。通过了解这一概念，我们可以更好地分析和认识自己的行为模式和内在特质。

并不是任何一种对现实的态度都能代表一个人的性格特征。例如，一个人的态度在某种情境下是情绪性或偶然性的。一个人在日常处理事情时表现得非常果断，但在某些特殊情况下表现得优柔寡断。这种优柔寡断不能视为此人的性格特征，而果断才是真正反映其性格的表现。同样，不是任何一种行为方式都能表明一个人的性格特征，只有那些经过时间验证、习惯化了的行为方式，才能真正反映一个人的性格。

性格总能在不同的场合和时间段中稳定地表现出来，构成一个人独特的行为模式和生活态度。在理解性格这一概念时，我们需要牢记，不同文化背景和心理学理论对性格的定义和解释可能不同。美国心理学界不常用"性格"一词，而在欧洲心理学文献中，"性格"一词常等同于人格（personality）。不过，西方心理学文献中的"人格"概念与我国文献中的"个性"或"个性心理特征"的意义并不完全相同。

在高职学生的生活和学习中，正确理解性格的概念，反思和认识自己的性格特点，对个人发展有着重要的意义。性格不仅影响着我们的行为和人际关系，也直接关系到我们的学习和职业选择。

二、性格与气质的关系

（一）性格与气质的区别

1. 起源和形成过程

性格的形成受到教育、家庭背景、社会文化等多方面因素的影响。性格通常是在后天的生活实践中逐渐形成的。它是个体与社会环境不断互动的结果，反映了一个人的社会性。由于外部环境和个人经历的多样性和复杂性，性格具有很大的可塑性和变化潜力。

相反，气质则是先天的，主要反映了高级神经活动类型的自然表现。气质类型在个体发育的早期阶段便已形成，具有较稳定的动态特点，不轻易改变。气质的可塑性较小，即使在后天的环境中发生变化，也较为缓慢和有限。

2. 好坏之分及价值判断

性格，因其直接反映了个体与社会环境的互动关系，因此存在好坏之分。比如，对待学习认真勤奋的性格被视为好的性格特征，而对待学习懒惰、冷漠等则被认为是负面的性格特征。性格在社会价值体系中具有道德评价的维度。

而气质，则没有好坏之分。它只是心理活动的动力特征的自然表现，每种气质类型都有其优点和缺点。例如，多血质者通常精力旺盛、外向，但可能缺乏耐心；黏液质者稳定、沉着，但有时过于冷静。气质类型只是描述了不同个体在行为表现上的特定模式，而不是评价优劣的依据。

（二）性格与气质的联系

尽管性格和气质在起源和特性上有所不同，但它们之间存在着密切的联系。

1. 气质对性格形成的影响

气质作为一种先天特质，对性格的形成和发展有着重要的影响。不同类型的气质给性格带来了独特的色彩和表现形式。例如，多血质者一般反应迅速、情感外露，以至于充满学习热情；黏液质者则表现为沉着、情感内敛、踏实有毅力。同一种性格特征在不同气质类型的人身上可能表现出不同的行为风格，这使得性格表现更加丰富和多样。

不仅如此，气质还会影响性格特征形成和发展的速度。例如，抑郁质的人因为本身具有较强的自制力，更容易形成稳定的性格特征；而胆汁质的人则可能需要更多的努力来发展自我控制能力。因此，气质在很大程度上决定了性格特征的发展路径和表现形式。

2. 性格对气质的掩盖与改造

性格可以在一定程度上掩盖或改造气质。例如，一名胆汁质的军人，经过严格的军事训练，可能会形成沉着冷静、严于律己的性格特征，从而在一定程度上掩盖其易冲动的气质。通过后天的教育和培养，某些性格特征可能会成为个体的主导特征，从而对气质形成一定的改造和调节。

性格与气质的相互作用说明了人类心理特征的复杂性和整合性。它们并非简单的线性关系，而是动态、互动的整体，从而共同塑造了个体的独特心理特征。

三、性格的特征

性格是每个人独一无二的内在特征，它形塑了我们的态度、意志、情绪和理智。在日常生活中，这些性格特征影响着我们的行为方式和思维过程。了解性格的特征不仅有助于自我认知，还能提高人际交往和职业发展的能力。

（一）态度特征

1. 对自己的态度

有的人自信满满，能够勇敢地迎接各种挑战，充分发挥自己的潜力；而有的人却常常陷于自卑的情绪中，对自己的能力充满怀疑，不敢迈出重要的一步。自信并非盲目的自恋，也不意味着自负，是一种对自己深刻认识后的从容和坦然。自恋和自负则显得华而不实，往往掩盖了内心的脆弱。

2. 对他人、集体、社会的态度

有的人热情友好，乐于帮助他人，充满集体荣誉感；而有的人则冷漠无情，凡事以自我为中心，自私自利。培养对他人、集体和社会的积极态度，可以让一个人成为有担当、有责任感的社会成员，体现出一种高尚的人格力量。

3. 对学习、劳动和工作的态度

有的人勤奋努力，认真细致，每件事都力求做到最好；而有的人马虎粗心，对待工作敷衍了事。坚守勤劳和认真负责的态度，不仅有助于学业和职业上的成功，也能培养我们对人生的敬畏和热爱。

（二）意志特征

意志特征表现为一个人对自己行为的自觉调节方式和水平，主要体现在自觉性、果断性、自制性和坚持性等方面。

1. 自觉性

自觉性是指个人行为是否具有明确的目标和方向。那些具备高度自觉性的人，往往能够在困难面前保持冷静，按照既定计划有条不紊地实施。相反，缺乏自觉性的人，常常会显得无所适从，容易被周遭环境左右。

2. 果断性

果断性是指在需要决策时，能够迅速且坚决地采取行动。一些人总是雷厉风行，敢于尝试和创新；而另一些人则优柔寡断，畏首畏尾，不敢面对未知的挑战。果断不仅是一种能力，更是一种生活态度。

3. 自制性

自制性表现为能够有效控制自己的欲望和冲动，始终保持理智和冷静。那些自制力强的人，能够抵制诱惑，坚持做正确的事情。而缺乏自制力的人，则容易陷入短期享乐，忽视长期目标。

4. 坚持性

坚持性即一个人的恒心和毅力。不论迎接多大的困难和挫折，那些能够坚持的人总能咬牙坚持，不轻言放弃。他们的成功往往并非来自天赋或机遇，而是坚持不懈的努力。

（三）情绪特征

情绪特征表现为人在情绪活动中的强度、稳定性、持续性和主导心境。

1. 情绪的强度

情绪的强度表现在受情绪影响的程度，有的人情绪强烈，开心时手舞足蹈，难过时号啕大哭；而有的人情绪体验较弱，不喜怒于色。控制情绪的强度，有助于在关键时刻保持冷静和理智。

2. 情绪的稳定性

情绪的稳定性则关系到情绪的波动起伏程度。那些情绪稳定的人，不论困境或顺境，都能保持镇定，而情绪易变的人则容易因环境变化而情绪波动。稳定的情绪可以确保我们在应对突发事件时，依然从容不迫。

3. 情绪的持续性

情绪的持续性指情绪影响的时间长度。有的人情绪持续时间较长，比如开心或生气会持续很久；而有的人情绪影响短暂，转瞬即逝。正确调节情绪的持续性，有助于我们更快地调适心态，积极面对新的挑战。

4. 主导心境

主导心境是指情绪在一个人身上长期表现出的基调，如林黛玉的忧伤和薛宝钗的乐观。建设一个积极向上的主导心境，将使我们面对任何情况都能保持乐观和勇气。

（四）理智特征

理智特征在感知、记忆、思维和想象等认知活动中得以表现。

1. 感知特征

感知力强的人，善于观察周围的一切，他们具有较强的视觉或听觉，能够快速捕捉信息。一些人虽然感知较慢，但极为精确，能通过细微观察发现问题。

2. 记忆特征

记忆特征因人而异，有的人记忆快，有的人记忆慢。不同的记忆方式也影响着学习效果，有些人通过直观的形象记忆，而有些人则是通过逻辑的思维记忆。

3. 思维特征

在思维上，有人独立，有人依存；有人冲动，有人沉思。无论是哪种类型，认识自己的思维特征，可以帮助我们在合作和决策中发挥自身优势，弥补不足。

4. 想象特征

有的人想象力丰富且大胆，能够提出创新的观点和方案；而有的人想象力较为贫乏，较难跳出常规思维框架。营造活跃的想象力，可以激发我们的创造力和创新能力。

四、性格的优化

每个人都想把自己的人生谱写得辉煌灿烂。若要取得更进一步的发展，优化自己的性格就是一把利剑。人们常说："性格决定命运。"性格是决定一个人成功与否的重要因素。成也性格，败也性格。好性格能成就人的一生，而坏性格则可能毁掉人的一生。

（一）认识和了解自己的性格

要优化性格，首先要认识和了解自己。我们可以借助几种有趣又有效的方法，帮助我们更好地把握自己性格的优势和劣势，为接下来的优化工作打下基础。

1. 用比较法认识自己

比较法，顾名思义，就是通过比较自己与他人在为人处事、情感表达方式等方面的异同来认识自己。比如，你可以观察宿舍里哪个室友在处理突发状况时格外冷静，哪个同学在面对挫折时总是充满正能量。然后试着思考：与他们相比，"我"在这些方面做得如何？当然，选择的比较对象一定要和你条件相当，这样才能得出客观、正确的认识。

2. 用自省法认识自己

自省是一种深刻的自我反思。你可以通过回顾往事来获取有关自我性格优劣的信息。举个例子，上次考试前夕，你是否因为焦虑而效率降低？反思这种心态的根源，然后评判自己的应对策略，这样你就能渐渐发现并改善性格中的一些不足。

3. 用评价法认识自己

"旁观者清。"朋友、同学或者家人的评价往往能给我们带来惊喜。你可以征求他们的意见，听听他们对你的看法。将这些评价与自己的自我认识进行对比，如果两者相差不大，说明你的自我认识较为准确；如果相差过大，则需要进一步剖析，调整自己的认识。

（二）发扬优势，改善劣势

通过一系列自我认识的小实验，你对自己的性格应该已经有了比较全面的认识。接下来，就到了最重要的一步：发扬优势，改善劣势！

1. 发扬优势

性格中的优势，是你在处理事务和应对挑战时的锦囊妙计。如果你发现自己善于沟通和团队合作，那就要不断在这方面下功夫。你可以参加更多的团队活动，先进行角色扮演，再进行实际操作，一步步培养自己在沟通中的自信和能力，最终成为团队的灵魂人物。

2. 改善劣势

我们每个人都有性格死角，即一些在特定情境下会导致失败的性格特质。但别担心，苏东坡笔下"但见顽石终成玉"的尘俗禅念，也适用于性格的优化。举个简单的例子，你可能性格急躁，总希望事情立即有结果。那不妨通过练习耐心，步步为营，一点点地耕耘和积累，逐步改善这种急躁的特质。

（三）实际行动，从心开始

光有认识还不够，真正的优化在于持之以恒的行动。这里有一些实用的小技巧，帮助你在日常生活中逐步优化性格。

1. 设定小目标

大目标让人望而生畏，而小目标则更容易实现。每天给自己设定一个小目标，比如今天要微笑面对每一位同学，或者今天的任务是认真听完一节课。"不积跬步，无以至千里"，通过实现这些小目标，你的信心和性格将会日益改善。

2. 培养新习惯

性格的优化往往与习惯的改变息息相关。多参加一些户外活动，定期锻炼身体，保持阅读习惯，甚至只是每天早起十分钟，这些看似细微的习惯改变都能对你的性格产生积极影响。

3. 接纳和包容

优化性格并不是要把自己变成一个完美的人，而是要接纳自己的不足，学会包容别人的缺点。在社交中学会换位思考，理解他人的困惑与难处。这不仅能让你的性格变得更加温和，还能得到更多的友谊和支持。

心灵成长▶

自我激励的 21 则座右铭

1. 卓越之路，自信启程。

2. 踏出成功第一步，便是精彩每一程。

3. 无问西东，不负韶华。

4. 坚持不懈，必有所成。

5. 挑战极限，成就无限。

6. 心无旁骛，步步登高。

7. 奋斗不息，梦想不止。

8. 逆境如风，我心如笋，坚韧依旧。

9. 每一个不曾起舞的日子，都是对生命的辜负。

10. 以梦为马，诗酒趁年华。

11. 拥抱黄金时代，书写无悔人生。

12. 心如止水，亦可掀起万丈波澜。

13. 在风雨中显锋芒，于逆境中求升华。

14. 勇敢追梦，用拼搏创造奇迹。

15. 一天一个目标，一步一个脚印。

16. 无愧于心，勇敢前行。

17. 破茧成蝶，非一日之功。

18. 不忘初心，坚定前行。

19. 每一次跌倒都是下一次腾飞的契机。

20. 平凡中见证伟大，点滴中成就辉煌。

●●●● 青春 训练营 ●●●●

在无数次迎风破浪中，我们学会了从心出发，迎接人生的种种挑战。现在请你反复阅读以下文字，相信我，这将给你带来勇气和信心，帮助你积极面对生活中的每一个难题。

我是一个人，一个有尊严的人。无论我所做的是对是错，这些都不影响我的本质。我的尊严来自我的存在，而不是我的行为表现。尽管有时我会犯错，有时我能做得很好，但是不论结果如何，我仍然是我。

我这一生注定会犯很多错误，因为我并非完人。我是一个有缺陷的人，但正因为如此，我能够从错误中汲取经验教训，从而避免未来重蹈覆辙。

尽管我可以尽力把每件事做好，但这并不能改变我的本质。同样，错误也不能定义我的价值。我无法在每件事情上都做到完美，因为谁也不能。然而，我的价值不因错误而减损。

在未来的道路上，我还会犯错，然而这些错误不会贬低我的价值。我能接纳自己，包括我的缺点，因为即便有瑕疵，我依然有我的独特价值。

我要像对待他人那样宽容地对待自己。因此，我会对自己说一些积极的话，同样也会对别人这样说，因为这样的行为对彼此都有好处。

过去的事情已经过去，我不会因此困扰自己。对于曾做过的不当之事，我感到遗憾，但那些已经无法改变。对我来说，能容忍我的过去、接受我的现在才是明智之举。即使发生了我不喜欢的事，我也将试着容忍它们，因为我明白，我无法掌控一切。唯一能改变的，是我此刻的感受和我现在所做的事情。我的感受由我自己决定，我的未来由我来把握。

无论过往如何，无论我做了什么，我都将容忍和接受自己。从此时此刻起，我将采取行动，解决面临的困难和问题，为未来点燃希望的灯塔。

气质类型测试

本测试包含 60 道题目，旨在帮助你确定自己的气质类型。题目类型非常广泛，包括你的行为、情感反应和思维方式的陈述。每个题目没有标准答案或好坏之分，只需根据自身的实际情况进行回答。

下面是一份完整的测试题，仔细阅读每一个陈述，按照评分标准进行自我评分：

1. 做事力求稳妥，一般不做无把握的事。

2. 遇到可气的事就怒不可遏，把心里话全部说出来才痛快。

3. 宁可一个人做事，也不愿很多人在一起。

4. 厌恶那些强烈的刺激，如尖叫、噪音、危险画面等。

5. 和人争吵时总是先发制人，喜欢挑衅别人。

6. 喜欢安静的环境。

7. 善于和人交往。

8. 到一个新环境能很快地适应。

9. 生活有规律，很少违反作息制度。

10. 羡慕那些善于克制感情的人。

11. 在多数情况下情绪是乐观的。

12. 碰到陌生人觉得很拘束。

13. 遇到令人气愤的事，能很好地自我克制。

14. 做事总是有旺盛的精力。

15. 遇到问题总是举棋不定、优柔寡断。

16. 在人群中从不觉得过分拘束。

17. 情绪高昂时，做什么都有劲；情绪低落时，又觉得做什么都没意思。

18. 当注意力集中于某一事物时，别的事很难使我分心。

19. 理解问题总比别人快。

20. 碰到危险情景，常有一种极度恐惧感。

21. 对学习、工作怀有很高的热情。

22. 能够长时间做枯燥、单调的工作。

23. 对感兴趣的事情，干起来劲头十足，否则就不想干。

24. 一点儿小事就能引起情绪波动。

25. 讨厌做那些需要耐心、细致的工作。

26. 与人交往不卑不亢。

27. 喜欢参加热闹的活动。

28. 爱看感情细腻、描写人物内心活动的文艺作品。

29. 工作、学习时间长了，常感到厌倦。

30. 不喜欢长时间讨论一个问题，愿意动手去干。

31. 宁愿侃侃而谈，也不愿窃窃私语。

32. 别人总是说我闷闷不乐。

33. 理解问题常比别人慢。

34. 疲倦时只需要短暂的时间休息，就能够精神抖擞，重新投入工作。

35. 心里有话不愿意说出来。

36. 认准一个目标就希望尽快实现，不达目的誓不罢休。

37. 学习、工作同样一段时间后，常比别人更疲倦。

38. 做事有些鲁莽，常常不考虑后果。

39. 听老师或他人讲授新知识、新技术时，总希望讲得慢一些，多重复几遍。

40. 能够很快忘记那些不愉快的事情。

41. 做作业或完成一件工作总比别人花的时间多。

42. 喜欢运动量大的剧烈体育活动，或者参加各种文艺活动。

43. 不能很快把注意力从一件事转移到另一件事上。

44. 接受一个任务后，就希望把它迅速完成。

45. 认为墨守成规比冒风险强些。

46. 能够同时关注几件事物。

47. 当我烦闷的时候，别人很难使我高兴起来。

48. 爱看情节起伏跌宕、激动人心的小说。

49. 对工作保持认真严谨、始终一贯的态度。

50. 希望做变化大、花样多的工作。

51. 和周围人总是相处不好。

52. 喜欢复习学过的知识，重复做熟练的工作。

53. 对小时候会背的诗歌，我似乎比别人记得清楚。

54. 别人说我"语出伤人"，可我并不觉得这样。

55. 在体育活动中，我常因反应慢而落后。

56. 反应敏捷，头脑机智。

57. 喜欢有条理的工作。

58. 兴奋的事常使我失眠。

59. 老师讲新概念，我常常听不懂，但是弄懂了以后很难忘记。

60. 假如工作枯燥无味，马上就会情绪低落。

评分标准

对以下描述，若自己的情况"很符合"计 2 分，"较符合"计 1 分，"一般"计 0 分，"较不符合"计 –1 分，"很不符合"计 –2 分。

评分与气质类型解释

胆汁质，包括 2、6、9、14、17、21、27、31、36、38、42、48、50、54、58 题。
多血质，包括 4、8、11、16、19、23、25、29、34、40、44、46、52、56、60 题。
黏液质，包括 1、7、10、13、18、22、26、30、33、39、43、45、49、55、57 题。
抑郁质，包括 3、5、12、15、20、24、28、32、35、37、41、47、51、53、59 各题。

分别把属于每一种类型题目的分数相加，得出的和即为该类型的得分。最后的评分标准是：如果某种气质得分明显高出其他三种（均高出 4 分以上），则可定为该种气质；如果有两种气质的得分接近（差异低于 3 分）而又明显高于其他两种（高出 4 分以上），则可定为两种气质的混合型；如果有三种气质的得分均明显高于第四种，则为三种气质的混合型。

由此可知，气质类型组合共有 14 种，分别是：①胆汁质；②多血质；③黏液质；④抑郁质；⑤胆汁—多血质；⑥胆汁—黏液质；⑦胆汁—抑郁质；⑧多血—黏液质；⑨多血—抑郁质；⑩黏液—抑郁质；⑪胆汁—多血—黏液质；⑫胆汁—多血—抑郁质；⑬胆汁—黏液—抑郁质；⑭多血—黏液—抑郁质。

测试目的

通过这份测试，你可以更好地了解自己的气质类型，提升自我认知。这将有助于你在学习、工作和生活中找到最适合自己的方法，发挥自己的优势，找出能够改进的短板。

精彩"心"赏

《霸王别姬》

　　《霸王别姬》作为一部经典的电影，以其丰富而深刻的人物性格塑造赢得了广泛的赞誉。从性格角度解析这部电影，一方面可以更深入地理解其情节和人物的动机，另一方面也可以让我们更加欣赏其艺术价值。

　　程蝶衣的性格是影片核心之一。他具有极高的艺术天赋，却因其极度敏感和对戏剧的执着而充满矛盾。从小在梨园受尽折磨，成就了他对京剧艺术近乎宗教般的信仰。他将自己完全融入戏剧角色，以至于无法自拔，甚至在现实生活中也无法摆脱"虞姬"的身份。这种性格特质反映了他内心的脆弱和对真实自我的迷失。他的爱是纯粹的，却是痛苦的，因为他无法得到段小楼同样形式的回应。

　　段小楼则是另一种性格的代表。他坚韧、刚毅，拥有强烈的现实感和生存本能。尽管他对程蝶衣有着深厚的感情，但他的性格使他无法接受程蝶衣过于感性的世界。他尝试将二人的关系控制在艺术的领域内，不愿将其扩展到现实生活中。这种性格使得段小楼在面对历史巨变时，选择了妥协和屈服，这同样也反映了人性中的现实主义与保守主义。

　　菊仙作为影片的第三个重要角色，她的性格复杂而多面。从妓女到段小楼的妻子，她在不断追求一个安稳、幸福的家庭。然而，她的独立与坚韧使她不愿意被任何束缚困扰。她对程蝶衣既有同情，也有嫉妒，因为程蝶衣的存在威胁到了她在家庭中的地位。她的性格特征表现了在男性主导的社会中女性的挣扎与抗争。

　　这三个人物的性格及其互动，构成了《霸王别姬》的主要矛盾和戏剧张力。他们各自的性格决定了他们在历史巨变中的不同命运，也让观众体会到人性的复杂与多样。程蝶衣因执着于艺术而悲剧性地走向毁灭，段小楼因现实与妥协而失去了真爱，菊仙因抗争与独立在绝望中结束了生命。

　　总结来看，《霸王别姬》通过对人物性格的精细刻画，不仅展示了京剧艺术的魅力，更深刻揭示了人在时代洪流中的挣扎与命运。从性格角度欣赏这部电影，可以让我们更深刻地体会到其艺术之美和人性之真。

情绪稳定　自由人生

——大学生情绪管理

●●●● **课堂** 在线 ●●●●

控制冲动的红绿灯法

美国芝加哥大学教授罗杰·韦斯伯格（Roger Weisberg）曾设计了一套"红绿灯"训练步骤，帮助人们学会控制冲动、做出理性的决策。以下是基于此理论设计的一项针对高职学生的课堂活动，旨在以活泼、有趣的方式，教授他们如何应对冲动，并在关键时刻做出更合适的反应。

活动目的

我们的目标是帮助学生通过实际活动掌握红绿灯法。通过这一训练，学生能够在焦躁、冲动的时候迅速自我调节，使决策更加理智和有效，从而在学习和生活中获得更好的结果。

活动时间

整个活动预计需要 45 分钟左右，可以根据课堂时间进行微调。

活动道具

彩色记号笔（红、黄、绿）、白板或大张的白纸、沙袋或拳击垫（用于缓冲阶段）、闹钟或计时器、笔记本和笔。

活动步骤

红灯：停下、镇定，心平气和

第一步：化解冲动

课堂上首先给学生们介绍"红灯"的概念。固定好沙袋或拳击垫，邀请几位自愿者上前进行一些身体上的缓冲活动，如轻轻拳击沙袋（时间控制在 1 分钟左右）。同时，鼓励其他学生采取深呼吸、放松肌肉等方法。指导学生们如何通过这些方式让自己的心情平静下来。

口令示范："大家现在想象自己处于一个冲动的时刻。深吸一口气，慢慢地呼出。不着急，慢慢来。"

黄灯：三思而后行

第二步：表达问题和感受

给每位学生发一个笔记本，让他们在上面写下最近一次自己感到愤怒或冲动的场景，并描述自己的感受。然后，邀请几个学生分享他们的情况，并让班级同学给出他们的意见或建议。

第三步：确定一个建设性的目标

指导学生站在理性思考的角度，思考当时自己有没有更好的处理方法。可设定一个目标，比如说"我要保持冷静，并通过恰当的语言表达我的不满"。

第四步：想出多种处理方案

给学生们5分钟的时间，先在笔记本上列出自己能够想到的各种处理方法。然后，分成小组进行讨论，交流各自的方案，共同修改。

第五步：考虑上述方案可能产生的后果

每组选择一些处理方案进行分析，考虑到每一个方案的可能后果，比如对自己和对方的影响，可能的长短期影响等。

绿灯：选择最佳方案，付诸行动

第六步：选择好方案并开始行动

鼓励每组学生选择一个他们认为最优的方案，并进行分享。讨论什么样的情况下这些方案是可行的，并引导学生在未来的实际冲动场景中尝试使用这些方案。

教师总结："我们要记住，在面对冲动时，重要的是冷静下来，思考清楚后再行动。选择最合适的方式处理问题，可以让我们在未来更好地应对冲动。"

活动总结

这次的活动不仅可以帮助大家更好地理解和通过红绿灯法管理冲动情绪，也强调了团队合作与沟通的重要性。记住，红灯是冷静的开始，黄灯是三思的桥梁，绿灯则是成功的行动。希望大家都能通过这次活动，在以后的生活和学习中保持冷静，理智行事。

情绪知多少：情绪的概述

能量包 ▽

大一新生的情绪自述

作为一名刚刚进入大学的新生，我的情绪经历似乎颇为复杂。初来乍到，这片陌生的土地让我既充满期待又充满不安。我将尽可能详细地阐述这一过程，以帮助同学们了解和理解新生在适应大学生活过程中所经历的情感波动。

大家好，我是小李，今年刚刚进入大学，我想与你们分享一下这段时间我情绪的起伏和变化。还记得刚踏入校门的那一刻，我的心中充满了对未来的期待。新环境、新朋友、新知识，所有的一切似乎都是那么地令人激动。然而，随之而来的还有一种难以言说的不安感。偌大的校园，陌生的面孔，每一栋大楼都显得那么高深莫测。特别是夜深人静时，浓浓的思乡之情，使我心中陡增一丝孤独与迷茫。

开学初期，班级组织了一系列活动，意在促进同学们的了解和融合。我感到了一种与人交往的紧张感。与中学时代不同，这里每个人都是来自不同的地方，有着不同的生活背景和思想观念。我发现，在与同学们交流时，我经常会为自己的性格内向、语言不够流利而感到焦虑。这种交际上的挑战让我甚至感觉到一种无形的压力。在课程正式开始后，学业上的压力也随之而来。面对繁重的课业，我时常感到一种无力感。课堂上，老师们讲解的内容深入复杂，这让我在笔记本上飞快书写的同时也在心中暗自发怵。"我是不是跟不上大家的步伐？""是不是老师讲的内容我没有完全吸收？"这些问题在我脑海中不断浮现，渐渐演变成了一种对自我能力的质疑。

幸运的是，经过一段时间的适应，我开始在这个大家庭中找到自己的位置。校园的各种社团活动让我有了展示和提升自己的平台，我逐渐在与同学的互动中找回了社交的自信心。此外，辅导员也给予了我许多关怀和建议，使我渐渐学会了如何更好地管理时间、调整心态面对学业上的挑战。在这个过程中，我开始意识到孤独只是暂时的，不安和焦虑也是成长的一部分。

回顾这段新生生活，我深刻地体会到情绪是如何随环境的变化而波动的。从最初的激动和不安、交际的紧张和担忧，到逐渐适应和重建信心，这一切不仅仅是大学生活的挑战，更是人生道路上不可或缺的一课。我希望我的经历可以帮助更多的新生，更加从容地迎接大学生活的各种挑战。

【扬帆起航】希望通过小李的自述，大家能够更好地理解和关注新生在适应大学生活过程中所经历的情感变化，从而更有针对性地寻求帮助和支持。

一、情绪和情商

在校园里，学习压力、未来规划、校园生活等，都会带来各种情绪体验。掌握与自身情感的相处之道，并提升情商，不仅能让我们的校园生活更加愉快，还能为将来的职业生涯打下坚实的基础。那么，什么是情绪和情商？

（一）情绪：复杂的心理活动

情绪是我们对外界刺激和个人需求关系的反应，伴随着一系列的生理、表情和主观体验的变化。情绪的影响范围广泛，从心理到生理，每一种情绪背后都有深刻的意义。

1. 生理变化

情绪会带来一系列生理上的反应。比如，当我们紧张的时候，可能会出现心跳加快、手心出汗等症状，这是我们身体在应对内外压力的一种表现。了解这种反应，可以帮助我们更好地应对紧张情况，调节自己的情绪。

2. 表情变化

情绪会通过面部表情和身体姿态表现出来。例如，开心的时候我们会笑，生气的时候可能会皱眉，身体会不自觉地做出一些动作。这不仅仅是我们情绪的外在表现，也会在社交互动中传递信息。

3. 主观体验

每种情绪都有其独特的主观感受。快乐带来轻松愉快，悲伤则让人心情沉重。对于高职学生来说，学习过程中不可避免地会遇到各种情绪波动，学会识别和理解这些情绪，有助于保持心理健康。

（二）情商：驾驭情绪的艺术

如果情绪是汽车的引擎，那么情商（EQ）就是驾驶汽车的技能。提出这一概念的丹尼尔·戈尔曼将其定义为情绪智力，或处理情绪以达到更好社会适应能力的综合能力。对于高职学生而言，情商的高低在我们的学业和未来职业发展中扮演着非常重要的角色。

情商可以分为以下五个部分：

1. 了解自己的情绪

这一点至关重要。只有及时察觉和识别自己的情绪后，我们才能进一步应对。例如，当我们在课堂上感到心烦意乱时，可以尝试理解这一情绪的根源，帮助我们找到合适的应对方法，而不是被情绪牵着鼻子走。

2. 控制自己的情绪

管理情绪需要一定的技巧和策略。例如，当感到焦虑时，深呼吸或短暂的休息可以是有效的控制方法。现代心理学中的正念练习（Mindfulness）提供了多种调节情绪的方法，值得我们采用。

3. 自我激励

情绪激励不仅能够推动我们设定目标，还能帮助我们在面对困难时保持动力。例如，面对学业压力，积极的情绪自我激励可以帮助我们增强信心和克服困难的决心，而不是被压力压倒。

4. 了解他人情绪

在人际交往中，能够洞察他人的情绪是一种宝贵的能力。无论是理解同学的沮丧还是注意到老师的赞许，这种情绪感知能力都有助于我们建立更好的人际关系和团队合作。

5. 维系融洽的人际关系

能够理解并适应他人的情绪，使我们在人际交往中游刃有余。例如，当同学犯错时，我们的包容和理解可以化解矛盾，增进友谊。这种积极处理人际交往的问题，可以让我们在职业生涯中与同事和上司建立稳健的关系。

二、情绪的分类

（一）根据情绪性质进行分类

1. 快乐

快乐是一种积极的情绪体验，它源于人们达成期望目标后的满足与成就感。这是一种能够提升人们幸福感和接受度的情绪状态。从轻微的愉快到极致的狂喜，快乐的程度可以有多个层次。

低层次的快乐，如愉快，往往表现为一种温和的高兴和满足。中等程度的快乐，如兴奋，常常伴随着明显的生理反应，如心跳加速和脸部泛红。而在极端情况下，人们可能会体验到狂喜，这是一种强烈的情绪爆发，可能导致不可自控的言行举止。

2. 愤怒

与快乐相对，愤怒是一种消极的情绪体验，通常源于个体的期望受阻或遭遇不公。从不满、生气到愤怒、暴怒等多个层次，其中每一个层次都伴随着渐强的紧张感和可能的攻击性行为。

愤怒情绪最容易在面对恶意行为或不公平待遇时爆发。从低层次的"愠怒"到高层次的"暴怒"，个体的行为可能从简单的表达不满到明显的攻击行为。因此，了解和管理愤怒情绪至关重要，可以避免不必要的冲突和人际关系的破裂。

3. 恐惧

恐惧是一种在面对危险或威胁时产生的情绪体验。它不仅依赖于外部危险的存在，也与个体对这些危险的认知和处理能力密切相关。恐惧情绪可以表现为从轻微的担忧到严重的恐慌。

儿童在成长过程中对恐惧的认知较晚，所以他们的恐惧表现相对较晚。随着年龄的增长，个体对危险的感知能力提高，恐惧情绪的表现也更加明显并且复杂。恐惧有助于生存，但过度的恐惧可能会导致焦虑和其他心理问题。

4. 悲哀

悲哀是一种负面的情绪体验，通常始于失去心爱之物或心愿破灭。从遗憾、失望到悲伤、哀痛，悲哀深度逐层增加。悲哀不仅影响个体的内心状态，还可能影响其行为，如哭泣或沉默。

在悲哀的极端情况下，个体甚至会陷入持续的抑郁状态，严重影响工作和生活。因此，理解和接受悲哀情绪，乃至寻求适当的心理支持，是处理这种情绪的关键。

除了上述四种基本情绪，其他复杂情绪，如厌恶、羞耻、嫉妒、喜欢、悔恨等，都是这些基本情绪的组合和派生。提供情感支持和提升情感认知能力，能帮助个体更好地处理这些复杂情绪。

（二）根据情绪状态进行分类

1. 心境

心境是指一种持久而弥漫的情绪状态，不针对特定对象或事件。例如，人逢喜事精神爽，悲者见事而愁。心境持续的时间可以从几个小时到几个月不等，甚至长达一年以上。它会显著影响个体的生活满意度、学习效率和人际关系。

心境对我们的生活、学习、工作和人际交往具有重要的影响。积极的心境可以提高工作效率和学习绩效，帮助我们保持良好的身心状态，提升生活满意度。相反，消极的心境则可能阻碍我们的身心发展，影响正常的生活和学习，降低工作效率，甚至使我们的人际交往陷入"灰色地带"。

2. 激情

激情是一种爆发快、强烈而短暂的情绪体验。它的发展通常经历三个阶段：首先，意识控制力降低，表情和身体动作趋向失控；其次，行为失去理智，可能会出现一系列极端行为；最后，激情爆发后会出现平静和疲劳现象，甚至精力衰竭、精神不振。

激情有诸多情绪反应表现，如勃然大怒、暴跳如雷、欣喜若狂等。在激情状态下，个体的外部行为表现明显，生理上唤醒度较高，认知范围缩小，专注于与情感体验相关的事物。此时，个体极易失去理智和控制，做出不计后果的行为。

处于激情状态下，首先要有明确的认识，学会调控自己的情绪，减少冲动行为。激情持续时间虽短，但它对个体活动的影响不可小觑。积极的激情能够激励个体，对活动产生正面效应；消极的激情则可能对活动产生阻碍作用。

3. 应激

应激是指机体在各种内外环境因素及社会、心理因素刺激下所产生的全身性、非特异性适应反应。当个体面临突发事件或受到威胁时，身心会高度紧张，出现一系列生理反应，如心跳加快、肌肉僵硬、呼吸加速、血压升高等。

应激反应可以是积极的，提供临时的能量支持来应对挑战；但持久的应激状态会导致身体和心理的过度消耗，引发疾病。因此，学会调节应激反应，减少其对身体的长期影响，是维护身心健康的重要一环。

三、情绪的表达

（一）情绪的表达方式

1. 语言表达

语言是人类最主要的交流工具，我们通过使用词汇、句子和语调来传递情感和信息。语言表达情绪的方式主要体现在以下几个方面：

（1）表达的语句含义

语句的选择和排列可以揭示和引导情绪。例如，当你感到快乐，可以用"今天真是个好日子"来表达喜悦之情；而当你感到愤怒，可以用"这让我非常生气"来直截了当地传达你的不快。因此，合适的语言表达不仅能清晰地表露情绪，还能避免误解。

（2）词语的褒贬

词语的褒贬内涵同样能直接影响我们的情绪表达。例如，"出色"这个词带有积极的意义，而"失败"则显得消极。当描述自己或他人时，选择恰当的词语能更准确地反映当前的情绪。高职学生在面对学业压力或人际交往时，注意词语的使用，可以有效地缓和紧张情绪和冲突。

2. 面部表情

面部表情是情绪表达最直接、最丰富的方式之一。通过眼部肌肉、面部肌肉和口部肌肉的变化，我们能表现出各种情绪状态。

（1）眼睛

眼睛是心灵的窗户，高职学生要学会通过眼神来传达情绪。高兴时，眼睛常常会微微眯起，眉开眼笑；悲伤时，眼睛看起来会无精打采；气愤时，眼睛会瞪得很大，表现出怒目而视；恐惧时，眼睛则会表现出目瞪口呆的状态。

（2）眉毛

眉毛的变化也是情绪表达的重要途径之一。展眉欢颜表示高兴，蹙眉愁苦表示担忧，扬眉得意表示满足和自豪，低眉慈目则流露出亲切和怜悯。当高职学生面对考试压力或与同学发生矛盾时，通过调控眉毛的情绪表达，可以让对方更好地理解自己的感受。

（3）嘴巴

嘴角的上提和下撇是表达情绪最典型的方式之一。快乐时，嘴角上提，显得容光焕发；生气时，嘴角下撇，整个面部看上去不悦；憎恶时，嘴巴闭紧甚至咬牙切齿；恐惧时，张口结舌，似乎吓得说不出话。

3. 姿态语言

姿态语言是通过肢体动作和身体姿态来表现情绪状态。虽然姿态语言往往不被我们控制，但它却能传达强烈的情感信号。

（1）身体表情

身体表情是肢体动作直接反应情绪状态的一种方式。例如，快乐时会手舞足蹈，兴奋不已；懊悔时会捶胸顿足，表现出极度的不满和自责；而恐惧时则会瑟瑟发抖，全身紧绷。大学生在团队合作或活动中，通过观察和调整自己的身体表情，可以更有意识地表达和控制情绪。

（2）手势表情

手势表情是通过手部动作来传播情绪的。例如，热情欢迎时，手部会呈现大幅度的开放姿态；反感时，双臂可能会环抱在胸前，表现出一种防御的姿势。高职学生在公共演讲或展示项目时，使用适当的手势表情，可以提高表达的生动性和说服力。

（二）情绪表达的特点

1. 先天性

情绪表达具有显著的先天特质，它们是我们生而具备的本能反应。这方面的一个经典例子是婴儿的面部表情。一个刚出生的婴儿在感到饥饿时会哭泣，这是不需要任何学习和模仿的自然反应。同样，当他感到高兴时，脸上会绽放出灿烂的笑容。这些情绪表现不需要通过其他人的教导，纯粹是生物学上的自然现象。

2. 共同性

情绪表达的共同性指的是其在全球范围内的普遍一致性。无论是亚洲、美洲、非洲还是欧洲，基本的情绪表达方式在不同文化背景下都表现出惊人的相似性。旧金山加州大学的艾克曼进行了一项著名的研究，发现全世界不同文化背景的人都能够辨认出恐惧、愤怒、悲伤和快乐的表情。这种共同性展示了情绪表达上的一种全球化语言，不管你身处何地，这些基本情绪都是共通且可以被理解的。例如，微笑通常代表快乐或友好，皱眉则可能表示不满或困惑。这种表达方式跨越了语言的障碍，成为人类之间情感沟通的重要桥梁。一个简单的笑容能够传达内心的喜悦，甚至能在陌生的人群中建立最初的信任感。

3. 习得性

尽管情绪表达的基本形式是先天存在的，但后天的环境和学习也会显著影响个体情绪表达的复杂性。婴儿在不会讲话之前通过哭泣、笑和表情来传达他们的情绪需求。然而，随着年龄的增长，他们的情绪表达变得更加精细和多样化。例如，孩子们在成长过程中会学到何时笑、何时哭、何时保持沉默，这些都是通过家庭、学校和社会逐步习得的。

4. 可控性

情绪表达的可控性是指个体能够通过自身的意志来掩饰、模仿或夸张自己的情绪，从而影响他人的感受和理解。例如，在社交场合中，我们可能会通过微笑来掩饰内心的不快，以维持和谐的人际关系。在某些特殊情况下，如演员在表演时，也需要夸大或模拟不同的情绪来达到戏剧效果。

但需要注意的是，过于压抑或故意掩饰情绪可能会对心理健康产生不利影响。长期的情绪压抑可能导致焦虑和抑郁等问题。因此，适度的情绪管理和表达对于维护心理健康极为重要。

向快乐出发：大学生情绪健康的标准

一、大学生情绪的基本特点

高职学生的情绪如青春的驿站，停靠着多样、冲动、稳定、掩饰、想象等缤纷的情绪特质。在这样一个充满可能的阶段，他们需要不断学习和成长，以更好地驾驭和表达自己的情感。对于高职学生而言，了解自己情绪的特点，无疑是通向更加自信从容的未来的重要一步。

（一）多样性

在高职学生的世界里，情绪是色彩斑斓的百花园。与中学生相比，学生们的情感体验更加丰富且深刻，犹如春风拂动下绽放的各色花朵。高职学生可以在不同情境下体验到截然不同的情绪。一边是阳光灿烂，有时洋溢着从未有过的自信和骄傲；一边是乌云笼罩，有时会感到沉重的压力与迷茫。此外，他们也会在静谧的晚上，静坐冥思，对未来充满憧憬。

例如，小明刚刚在学校的演讲比赛中取得了出色的成绩，心情愉悦，仿佛整个世界都在为他欢呼喝彩。但听说自己的好友因为人际关系问题而闷闷不乐时，小明也会在一瞬间收敛起那份喜悦，心头泛起担忧。这种情感多样性的波动，让每个高职学生的青春岁月都变得生动且充实。

（二）冲动性

青春年华，血气方刚。高职学生的情绪常常如拍岸的浪花，说来就来，说走就走，瞬间的冲动和火热成了他们不可或缺的标志。他们无法细细思考每一个情绪反应背后的深层原因，而这正是这种年纪的独特之处。

还记得那次校园篮球赛吗？当在场的同学们看到断球后的紧张反攻时，每个人都站起来呐喊助威。那一刻，全场的情绪达到了高潮，气氛如火山爆发。这是一种年轻人独有的情感反应，迅猛而又无须多加思索。因此，在日常生活中，高职学生的情绪反应也往往更加直接和激烈，时而开怀大笑，时而摔门而出，这种情绪的冲动性显而易见。

（三）稳定性

尽管高职学生的情绪波动较大，但随着他们逐步向成年过渡，某些情境下的情绪已经变得相对稳定和成熟。相比于中学生，甚至是刚步入大学的一年级学生，他们更能够在面对挫折和压力时保持冷静，从容应对。这一特性，让他们在复杂的社会环境中多了一分沉稳。

然而，也并非总如此。比如，当考试周来临时，高职学生们仍会表现出明显的紧张情绪。虽然他们已经具备了一定的抗压能力，但内心的波澜起伏并不会因此消失。正是在这种稳定与非稳定交织的状态下，他们逐步迈向成熟，学会在诸多复杂情绪中找到平衡点。

（四）掩饰性

随着年龄的增长和自我意识的增强，高职学生们逐渐学会了如何掩饰内心的真实情绪。他们不再如小时候那般，情绪表现得那么外露与直率。这种掩饰性让他们在人际交往中显得更加成熟和内敛。

就如小丽那次经历。她在课堂上被老师点名批评，虽然内心感到十分委屈，但她没有当场表达不满。相反，她用平静的脸庞掩饰着内心的波动，回到宿舍后才和闺蜜倒了倒"苦水"。这种掩饰性的情绪表现，实则反映了高职学生们逐步学会了在不同场合下，展现不同情绪和态度的能力。

（五）想象性

高职学生的情绪往往饱含丰富的想象力。他们容易沉浸在某种情绪中，陶醉于自己的幻想中。这有时候会让他们有超乎现实的期望，但这也正是青春岁月独特的魅力所在。

比如，小王总是梦想着成为一名出色的计算机工程师，常常会想象自己站在技术研讨会议上的自信风采，这种想象不仅激励着他不断努力，也赋予了他无尽的动力。然而，除去积极的一面，这种情绪的想象性有时也会让他们陷入不现实的忧虑中，需要更多的引导和支持。

二、大学生情绪健康的标准

在大学这个充满探索与挑战的阶段，高职学生掌握大学情绪健康的标准，能够帮助其更好地应对这些挑战，从而拥有一个丰富多彩、充实快乐的大学生活。

（一）接纳和理解自己的情绪变化

情绪就像天气一样多变，时而阳光明媚，时而风雨交加，而你能做的就是学会接纳和理解这些变化。正如美国心理学家马斯洛所提到的，情绪健康的人能够平和、稳定、愉悦且接纳自己。这意味着无论是遇到喜事狂欢，还是被困在失望的沼泽中，都要以平常心对待这些情绪波动，不对自己过分苛责。当你对自己更宽容时，你会发现应对生活中的各种压力变得更容易。

（二）情绪表达的目的明确、方式恰当

情绪的发生总有一定的缘由，表达情绪也有其特定的目的性。例如，你因为舍友未经允许使用了你的毛巾感到愤怒，这种愤怒是为了让对方明白并尊重你的个人空间。心理学家瑞尼斯认为，情绪健康的人能以适当的方式表达情绪，以言语或行为合理地回应刺激，而不会一味地压抑或做出过激反应。我们在生活中应该学会以恰当的方式表达自己的情绪，比如通过沟通来解决问题，而不是选择逃避或爆发。

（三）丰富、深刻的自我情感体验

在大学里，你将有机会经历许多丰富且深刻的自我情感体验：从挑战自身的极限，到在社团里找到归属感；从恋爱中收获甜蜜，到毕业时对未来满怀期待……这些体验不仅丰富了你的情感世界，还让你更深入地认识自己。马斯洛特别提到，情绪健康的人会拥有哲理、善意的幽默感，这不仅是一种生活态度，更是一种面对生活波折坚韧不拔的能力。

（四）积极情绪多于消极情绪

每个人的生活都会经历高峰和低谷，但重要的是，我们要确保积极情绪占据主导地位。积极愉悦的情绪不仅有益于身心健康，还会增加行为的动机，有助于目标的实现和幸福感的提升。当遇到消极情绪时，我们可以通过积极的自我暗示、转移注意力、找朋友倾诉等方式来缓解。心理学家索尔指出，增强责任感及工作能力，减少对外界认同的渴望，会有助于培养积极的情绪。

（五）和平且恰当地表达情绪

在大学里，你会发现与人沟通和表达自己是非常必要的技能。学习如何以和平且恰当的方式表达情绪，能够减少误解，增进互信。比如，当你对室友未经允许使用你的物品感到愤怒时，不妨平静地表达你的不满，而非愤怒地指责。每个人都有表达情绪的权利，但如何表达需要能被自己和社会接纳。

（六）具备良好的挫折应对能力

大学生活并非一帆风顺，挫折和失败在所难免。良好的情绪健康标准之一，就是能发展出应对挫折的技巧。瑞尼斯等人提出，情绪健康的人能重新解释和接纳自己与挫折的关系，避开挫折并设立替代的目标，不会一直自我防卫。面对一次考试失利，可以将其看作查缺补漏的机会，从中吸取经验教训，进一步提升自己。

（七）拥有适当且和谐的幽默感

幽默是一种非常重要的情绪调节方式。马斯洛曾指出，富于哲理、善意的幽默感是情绪健康的重要特征。幽默不仅能缓解紧张气氛，还能提升个人魅力，使我们在人际交往中更受欢迎。在身处困境时，适当的幽默感可以帮助我们以轻松的姿态去面对问题，不至于过度紧张和焦虑。

三、情绪对大学生的影响

在大学这个人生阶段里，情绪扮演着极为关键的角色。大学生活的多样性和复杂性决定了大学生面临各种情绪挑战。情绪状态不仅影响他们的学习效率和人际关系，还对其身心健康和未来发展有着深远的影响。

（一）情绪对大学生学业的影响

情绪不仅仅是心灵的波动，它对我们学习的能力和效果都有深远的影响。根据耶克斯－多德森定律，情绪活动水平影响问题解决的效果。例如，较低的激动水平，有利于解决较难的代数问题；中等程度的激动水平，有利于训练基本的算术技能；而较高的激动水平，则适合于完成简单的操作任务。这一点在大学生的各类学习活动中，同样适用。

情绪在学习过程中还有另一个重要影响因素：焦虑程度。适度的焦虑能起到激励作用，提高学习效率。但是，焦虑程度过高或完全没有焦虑都会对学习效率产生负面影响。例如，一名学生在面对期末考试时，如果能维持适度的紧张程度，他的学习效率和记忆力将会提高；反之，严重的焦虑则可能导致考试焦虑和注意力分散，进而影响考试成绩。

心境状态依赖性效应也揭示了情绪与学业成绩之间的关系。研究表明，当学生在学习时保持良好、稳定的情绪状态，这一情绪状态会在回忆或再认信息时成为有效的检索线索，从而提高学习效率。因此，保持积极、稳定的情绪，是大学生高效学习的基础和前提。

（二）情绪对大学生身心健康的影响

情绪不仅仅影响学业，它对身体和心理健康也至关重要。现代医学研究已经证实，很多生理疾病都与心理因素有关。例如，持续的紧张和焦虑可以引发紧张性头痛、胃溃疡、心律失常等疾病。大学生由于学业、人际关系等方面的压力，容易陷入这种情绪问题的困境。

生理学家曾多次强调情绪对免疫系统的影响。良好的情绪可以增强个体的免疫力，提高对疾病的抵抗力，保持体内系统的协调运作。反之，不良情绪则会削弱免疫系统，引发各种生理和心理疾病。《黄帝内经》中也提道："喜怒伤气，寒暑伤形。喜怒不节，寒暑过度，生乃不固。"这说明长期不良情绪对身体的损害不容小觑。

情绪管理不好还容易导致心理问题，如抑郁、焦虑等。心理健康已成为大学生群体中一个不可忽视的问题，因此，及时疏导和调整情绪，保持心理健康，是每位大学生都应该重视的话题。

（三）情绪对人际交往的影响

在现代社会，人际交往技能已经成为成功的重要指标。而情绪在我们与他人交往中，扮演了不可或缺的角色。心理学研究表明，情绪状态会通过语言、表情和姿态等传达给他人，进而影响对方的情绪和态度，这也被称为情绪的传染效应。

一个乐观积极、表情开朗的学生，会给人留下亲切、可信赖的印象；反之，一个长期处于抑郁、焦躁状态的学生，很可能会无意中将负面情绪传给他人，导致对方反感，影响正常的人际关系。美国洛杉矶大学医学院的心理学家加利斯梅尔做过一系列实验，结果显示，只要20分钟，一个人的低落情绪就能传染给另一个人。此外，一个人的敏感性和同情心越强，也就越容易受到别人情绪的影响。

为此，大学生不仅仅需要学习交往技巧，更需要学习如何管理自己的情绪。积极、乐观的情绪，不仅有助于提升自身的人际吸引力，亦能增强人际关系的和谐度。

（四）情绪对大学生自身成长的影响

大学生活是一个人成长的重要阶段，而情绪体验在其中起到了关键作用。埃普斯顿的研究表明，当大学生体验到愉快、舒适、亲切等积极情绪时，他们的行为目标通常是积极向上的。在这种情绪状态下，学生们不仅会更开放地接受新经验，还能增强对周围人的尊重与理解，体现出对长远目标的献身精神。

反之，如果大学生体验到的是痛苦、愤怒、紧张等消极情绪，他们的行为可能会发生消极变化。例如，一部分大学生会表现出社会兴趣下降，对新经验持消极的态度，甚至可能产生反社会行为；而另一部分大学生则可能在悲观情绪中变得更坚强，表现出更大的克服困难的勇气。

我的情绪我做主：大学生情绪管理

一、影响情绪产生及变化的因素

每天我们心情波动的背后到底隐藏着怎样的奥秘呢？这看似日常的现象其实有着复杂而深远的机制，让我们一起探讨那些影响情绪产生及变化的因素，揭开情绪的神秘面纱。

（一）客观刺激

想象一下，你早上正走在去学校的路上，突然看到自己最喜欢的明星发布了一条新动态，心情瞬间兴奋起来！这种瞬间的激动，其实就是客观刺激激发了你的情绪。

客观刺激可以是外部环境的任何事物，包括人、事件、声音、视觉图像等。这些刺激既可以看得见摸得着，比如考试成绩单；也可以是无形的，比如朋友的一句鼓励。它们就像遥控器的按钮一样，一按下去，我们的情绪就会被触发。

但一定要注意，虽然客观刺激像一根火柴，但它本身不会产生火焰。它只是情绪产生的前提条件，就像火柴只有遇到干燥的木材才能燃烧起来。情绪的真正引爆点，还需要看另外两大重要因素。

心灵成长 ▶

饮食与情绪

饮食与情绪关系密切，不亚于知识在大学生活中的重要性。现代社会中，随着生活节奏的加快和压力的增加，人们越来越关注如何通过饮食来调节情绪，从而保持心理和生理平衡。以下探讨饮食与情绪的几个关键方面：

1.食物的心理安慰作用

无论是大学生还是职场人士，在感到情绪低落、压力大时，往往寻求某些食物来获得心理安慰。这些"安慰食物"如巧克力、冰激凌、炸鸡等，虽然未必健康，却能在短时间内提升体内的多巴胺水平，带来愉快感。然而，过度依赖高糖、高脂肪的食物并不利于心理健康。

2. 营养均衡与情绪稳定

现代营养学研究表明，维生素 B 族、Omega-3 脂肪酸、镁等营养元素对情绪调节起着重要作用。大学生由于学习压力大，容易忽略饮食的均衡，导致营养不足，情绪波动较大。因此，建议大学生在日常饮食中多摄入富含上述营养素的食物，如深海鱼类、坚果、全麦食品和绿叶蔬菜，以保持情绪稳定。

3. 血糖波动与情绪变化

血糖水平的波动对情绪有直接影响。当血糖过低时，人容易感到疲倦、焦躁和情绪不稳；而当血糖过高时，人可能短暂感到兴奋，但之后往往会出现"反弹"效应，导致情绪低落。因此，建议大学生在饮食间隔时间内，保持小量、多餐，以确保血糖水平稳定，从而有助于保持良好的情绪。

4. 水分摄取与心理健康

不足的水分摄取也可能导致情绪低落、注意力难以集中。水是身体各项机能正常运转的基础，而大脑对缺水尤为敏感。建议大学生平时注意多饮水，以便提高心理和生理的表现。

5. 健康饮食与乐观心态

长期坚持健康饮食，不仅对身体有益，还能有效提升心理健康状况。大学生应培养健康的饮食习惯，如适量摄入水果、蔬菜、全谷物和优质蛋白质。保持健康的饮食，调节体内生物化学平衡，从而带来良好的情绪和更积极的心态。

（二）个人需求

关于情绪，不得不提到我们内心深处的那些需求。试想一下，一个刚被表白成功的人和一个没有得到心上人回应的人，他们的心情会一样吗？肯定不一样，因为每个人内心的需求不同。

需求是人类情绪的核心动力。当这些需求被满足时，我们会感到开心、满足；当这些需求没有达到，我们就会感到失望、愤怒。例如，你努力学习考上了理想的高中，这种需求被满足后，你肯定会觉得开心和自豪。

这里需要注意的是，我们的需求并不仅仅包括物质上的，还有精神和心理上的。比如，我们需要友情、爱和归属感。一个突然被朋友冷落的小伙伴，心情一定会变得沮丧，这是因为他的情感需求没有得到满足。

（三）人的认知

最后，我们来聊聊认知对情绪的影响。简单来说，不同的人在同样的情况下可能会有完全不同的情绪反应。这一切，都是因为认知在起作用。

举个例子，假如你和同学一起参加了一次演讲比赛，结果你们都没获奖。一个同学可能会非常失望，觉得自己不够优秀；而另一个同学可能会觉得这只是一次锻炼的机会，输赢无所谓。为什么会有这样大的情绪差异，很大程度是因为他们的认知方式不同。

当我们面对相同的客观现实时，谁能开心，谁会沮丧，取决于我们如何解释和看待这件事情。这就是所谓的"认知评价"。好的认知方式能够帮助我们保持良好的情绪，而负面的认知方式则会让我们的情绪跌入谷底。

认知方式也是可以改变和调整的。例如，面对考试失利，你可以告诉自己，"这次只是发挥失常，我还有能力在下次表现更好"。这样积极的认知会让你从低落中走出来，甚至成为激发你进一步努力学习的动力。

心灵成长 ▶

艾利斯ABC情绪模型

艾利斯ABC情绪模型，也称为情绪ABC理论，是由美国著名心理学家阿尔伯特·艾利斯（Albert Ellis）在20世纪50年代创立的一种心理学理论。该理论主要阐述了情绪形成的过程，并强调了个体对事件的认知和看法在情绪反应中的关键作用。

1. 理论概述

艾利斯ABC情绪模型认为，引起人们情绪困扰的不是事件本身（A），而是人们对事件的认知和看法（B），这些认知和看法进而导致了特定的情绪及行为结果（C）。因此，改变人们对事件的不合理认知，可以改善其情绪和行为问题。

2. 模型构成

A（Activating Event）：诱发性事件或刺激，即情绪反应的触发因素。它可以是任何事情，包括外部事件、内部感受或想法，如得到一份好成绩、被人批评、失恋、担心未来等。

B（Belief）：人们对事件或刺激的信念和想法，即个体在遇到诱发事件之后相应而生的信念，对这一事件的看法、解释和评价。这些信念和想法可以是积极的、中立的或消极的，且往往不是显而易见的，需要认真思考和探索。

C（Consequence）：情绪反应及行为结果，即特定情景下，个体的情绪及行为的结果。它可以是积极的、中立的或消极的，如高兴、自豪、沮丧、绝望等。

3. 不合理认知的特征

（1）绝对化的要求

这是一种走极端式的认知方式，也是不合理信念中最常见的一种。它是指人们从自己的意愿出发，对某一事物持有必定怎样的不合理想法，常常带有"必须"和"应该"的特点。

（2）过分概括化

这是一种以偏概全、以一概十的片面思维方式。它指个体根据一件或很少几件事情就武断地得出关于个人能力或价值的普遍性结论，并将其应用到其他情境之中。

（3）糟糕至极

这种不合理信念认为一件不如意的事情发生了，必定会非常可怕、非常糟糕、非常不幸，将事情想象为"灭顶""大难临头"，从而消极地预测未来而不考虑其他可能的结果。

二、大学生常见的情绪问题

大学生活如同五味瓶，丰富却不乏挑战。情绪问题伴随我们成长，但这些情绪反应也是我们应对外界变化、寻找自身定位的表现。及时认识和理解这些情绪问题，并学会面对它们，是每一位大学生必须经历的过程。

（一）焦虑

焦虑或许是学子们在校期间最常见的情绪之一。刚进入大学，面对新的环境、新的面孔，甚至新的学术挑战，不少学生感到手足无措。考试临近、演讲上台、重要决策，这些情况都会引发紧张和不安。有的同学甚至会在考试前几天表现出焦虑情绪，随着日期逼近，这种情绪也愈发严重。我们需要知道，适度的焦虑并不一定有害，它能激发我们的潜能，推动我们努力向前。然而，过度的焦虑则会干扰正常的生活和学习，让我们力不从心。

（二）抑郁

抑郁则是另一个不易察觉却相当普遍的问题。有些大学生会因为学业压力、人际关系紧张，或是面临失恋与失业的困扰而抑郁。抑郁不仅仅是悲伤，它往往伴随着极度的疲惫感，兴趣丧失，甚至觉得生活毫无意义。对于一些同学来说，长时间的抑郁可能会演变为抑郁症，这是一种需要专业干预的精神疾病。

（三）易怒

易怒是大学生们另一个常见的问题。青春期内分泌系统活跃，大脑神经也处于发展不平衡的状态，这让我们容易冲动。有些同学因为一点小事、一句批评甚至一个意见不合，就会勃然大怒。有些学生在课堂上因为老师的批评，或者同学的无心言语，情绪可能瞬间失控。这种易怒情绪，不仅对自己有害，也可能伤及周围的人。

（四）自卑

自卑也是大学过程中常见的情绪问题。许多高中时期的"佼佼者"进入大学后，发现自己变成了"一颗普通的螺丝钉"。这种改变会让他们感觉到自我价值的下降，产生对自身能力的怀疑，自我评价过低。家庭条件差或是自身某方面的不足，如外貌、学术成绩等，也会成为他们自卑的根源。长期的自卑情绪，会让人变得瞻前顾后，严重影响自尊心和生活质量。

（五）恐惧

恐惧是一种在人际交往或某种特定情况下产生的强烈不适或害怕。比如，某位学生在课堂上被老师批评了一次，从此就对上课充满了恐惧感，他会害怕再被老师注意到，甚至逐渐发展到不敢进教室。恐惧情绪会使人采取回避的方式来解除焦虑，但是这并不是长久之计，反而会加重情绪困扰。

（六）嫉妒

嫉妒，这个在校园生活中并不陌生的词汇，其实是一种包含多种消极情绪的复合感受，如忧虑、怨恨和愤怒等。在大学中，嫉妒主要表现为对他人才能、美貌、财富和成就的憎恶。这种情绪有时会让人感到自卑，有时则会引发对他人的攻击。嫉妒不仅仅是对他人的一种不满，它还可能影响到自己的心态和行为，阻碍个人的正常社交和生活。

（七）冷漠

冷漠是指对外界刺激缺乏情感反应，对生活中的各种变化无动于衷。有些同学会表现出对政治、文化、学习、生活等事情漠不关心，甚至对他人的悲欢离合也毫无反应。这类情绪多见于生活、学业或是人际关系方面受挫的大学生。他们通过冷漠来掩盖内心的孤独和痛苦，但长久的情绪逃避，可能会导致心理问题加重。

（八）过度应激

应激指的是在某种环境刺激下，个体对其产生的适应反应。当大学生面对家庭、学业和个人生活的多重压力时，容易出现紧张、恐惧、失望等负性情绪反应。当个体对这些紧张体验无法有效调节时，就会处于一种过度应激状态，影响心理和生理的健康。

趣味心理

白熊实验

在科学心理学的浩瀚天地中，韦格纳的"白熊实验"和由此带来的思维抑制研究熠熠生辉。韦格纳通过这一经典实验揭示了一个让人啼笑皆非却又深刻反思的心理现象：越是努力压抑某个念头，那个念头反而越是根深蒂固地盘踞在你的脑海中。

实验的基本构想听起来简单而令人困惑：参与者被要求在五分钟内尽量不要去想一只白熊。结果，几乎所有人都忍不住反复想到那只白熊。这种现象被韦格纳称为"反讽效应"。它告诉我们，大脑一旦试图刻意压抑某个念头，反而会持续关注并强化这个念头。

那么，为什么我们的大脑会如此反讽、自相矛盾？韦格纳及其合作研究者指出，当我们试图压抑某个念头时，大脑实际上会启动两个相互竞争的系统：一个是有意识地将注意力转移到其他事物上的努力系统，另一个是在潜意识中监控是否真的没再想"白熊"的监控系统。矛盾的是，监控系统反而不断提醒我们那个被禁止的念头，使得"白熊"始终活跃在我们的脑海中。

从心理学的角度看，这不仅仅是一个趣味实验，更是对人类精神控制限度的深刻揭示。压抑思维的难题在每个人的日常生活中都普遍存在，无论是试图忘记一段令人痛苦的回忆，还是努力消除某个焦虑的念头。韦格纳通过"白熊实验"让我们看清了思维压抑的复杂性和无意识的反讽机制。通过理解并利用这些科学洞见，我们可以更有效地管理自己的精神世界，避免陷入无尽的脑内拉锯战中，从而过上更加平和和自如的生活。

三、大学生情绪的管理

（一）消极情绪的调节

在高职校园里，课业的压力、对未来的迷茫以及复杂的人际关系常常让学生们被不良情绪困扰。谁没有体验过考前的紧张？谁没有经历过与室友的摩擦？然而，情绪是我们生活的一部分，不同的应对方式会产生截然不同的效果。就像旅行中面对半瓶水，有人感激，有人抱怨。

1. 认识和承认情绪

首先，要承认情绪的存在，毕竟"七情六欲"是每个人都不可避免的。有人说："情绪就像天气，有晴天也有雨天，但都是短暂的。"我们要认识到，情绪本身并没有好坏之分，而是直接反映了我们的内心世界。重要的是，我们如何合理应对这些情绪而不让它们控制我们。

对情绪反应的认识和评价其实比情绪本身更为重要。例如，当你面对突然到来的考试压力时，感觉很紧张，这时候，你可以问问自己："这种感觉是因为明天要考试了，还是因为担心自己考不好？"实际上，焦虑并不是考试本身所造成的，而是我们对成绩的过度在意让我们陷入情绪的旋涡。因此，改变认知，才能更理性地看待情绪。

2. 让微笑成为习惯

保持积极乐观的生活态度很重要。每天早上起床后对自己微笑，说一句"今天将会很美好"。不仅仅是面对顺心如意的生活要保持乐观，在遇到不幸和挫折时，也要试着看到事情的另一面。每一次的失败都是学习的机会，而不是阻碍我们前进的绊脚石。用一位作家的话来说："绽放笑容，不是为了掩盖困境，而是为了告诉自己能够战胜它。"

3. 三思而后行，减少盲目冲动

大学时期，我们的情绪波动还比较大，容易受到外界的影响。采取冷静的态度，学会思考最坏的结果以及最好的应对方法。如果你感到愤怒或焦虑，尝试深呼吸，给自己一些时间去冷静和思考。当你觉得自己被激怒时，或许走出教室，梳理一下自己的情绪，再回来面对问题，可能会更为明智。

4. 寻找合理的情绪宣泄方式

合适的情绪宣泄是释放不良情绪的有效途径。有这样一个小故事：一个学生感到很抑郁，就去篮球场挥洒汗水，结果回来后心情豁然开朗。情绪像水流，堵住得越久压力就越大，需要寻找合理的出口。某些情况下，我们可以选择找朋友倾诉，或者从事自己喜欢的活动。

找个值得信任的朋友聊聊，把困扰自己已久的事情说出来，或是写在日记里，有时候你会发现，事情并没有想象的那么糟糕。而运动则是另一个很好的释放方式，不是非得需要激烈的体育训练，哪怕只是慢跑或跳绳，都可以帮助我们有效缓解情绪。

（二）积极情绪的培养

1. 学会合理表达情绪

情绪是真实的，如何表达却是一门学问。不妨试试这样做：当我们遇到不爽的事情时，千千万万种情绪就像流星雨一样扑面而来。用理智的小伞去撑住它们，而不是一味忍耐或爆发。心理学家一致认为，压抑情绪会有害健康。

2. 遵从你内心的热情

还记得小时候你喜欢画画，做手工，或者编织小手链的激情吗？别让繁忙的学业掩盖了你的热情！找到并追随让你心动的事物，不论是摄影、舞蹈还是音乐，只要它能点燃你的热情，就值得你投入时间和精力。当你向内心的声音屈服时，那种由内而外的喜悦将成为你对抗生活压力的秘密武器。

3. 多和朋友们在一起

一个人在操场上孤独地踢球总是没有乐趣的。找到那些与你志同道合的朋友，与他们分享你的快乐和烦恼。当你们一起经历风风雨雨后，那些友情的温暖将如同一束阳光，驱散你心头的乌云。

4. 接受自己的缺陷和负面情绪

没有人是完美无瑕的，接受自己的缺陷和偶尔的负面情绪是一个人成熟的表现。不要压抑自己的情感，也不要苛求自己时刻充满正能量。允许自己偶尔疲惫和脆弱，你会更容易找到内心的平衡与平和。

5. 让生活简单一点

物质上的奢华不会带来真正的快乐，反而会让我们在复杂的追逐中迷失。让生活简单一点，去掉不必要的欲望和负担，将注意力集中在那些真正重要的事情上，比如学习、友情和健康，你会发现心灵的自由与轻松。

6. 有规律的锻炼

体育课上的热身跑、校园里的晨跑，甚至是在宿舍楼下的简短拉伸，都是让身体和心灵焕然一新的好方法。锻炼不仅能增强身体素质，还能释放压力，提升你的情绪和专注力。记住，身体就是你的"发动机"，保持它的良好运转至关重要。

7. 保证充足的睡眠

许多人在夜深人静时挑灯夜战，认为这是提高成绩的好办法。然而，科学研究表明，充足的睡眠才是激活人的潜能的必要前提。充足的睡眠不仅能让你记忆力更好，思维更清晰，也能让你情绪稳定，更好地应对生活中的各种挑战。

8. 少些斤斤计较，多些慷慨

在日常生活中，我们常常因为一些鸡毛蒜皮的小事而斤斤计较，这不仅损耗了我们的精力，还容易让我们变得暴躁和不快乐。试着多一些慷慨和宽容，懂得为他人着想。当学会了"给予"，你会发现，这不仅满足了你实现自我存在感和成就感的需要，还能在你遇到困难时收获他人的帮助，从中感受到温情和幸福。

9. 让内心充满勇气

生活中充满了各种各样的挑战，而它们恰是我们成才的最佳磨石。要想拥有幸福，必须勇敢面对可能的失败，敢于尝试新的事物。不要害怕跌倒，在每一次勇敢的尝试中，你都会发现自己比想象中更强大。

10. 心怀感恩

心怀感恩，让你在困境中仍能看到生活的美好，也更容易找到解决问题的力量。感恩不仅增添了生活的色彩，也让你的内心充满了宁静和满足。

11. 学会接受失败

失败就像是生活赠予我们的一堂特别的课程。你可能在考试中失利，或者在社团竞选中败北，但别让这些打击摧毁了你的信心。在每一次失败中，我们都能找到改进和成长的机会——失败并不是终点，而是新的起点。

放松训练

在这个快节奏、充满压力的时代，越来越多的人开始意识到心理健康的重要性。大学生，作为一个特殊的群体，往往需要在学业压力、社会焦虑和自我认知之间找到平衡。为了保持心理健康，放松训练成了一种值得推广的有效方法。

放松训练能够缓解焦虑、提升专注力和改善睡眠质量。以下是几种常见的放松训练方法，这些方法简单易行，却非常有效。

1.深度肌肉放松法

深度肌肉放松法基于这样的理念：当肌肉紧张时，人们会感到不安和焦虑；当肌肉放松时，则会感到平静和安宁。以下是深度肌肉放松法的步骤：

姿势选择：可以坐着或躺着，让自己感觉最舒服。

肌肉绷紧与放松：逐步绷紧身体的各个肌肉群，每次保持5秒，接着放松10秒。例如，握紧右拳，然后放松；握紧左拳，然后放松。

关注感受：在每次肌肉放松时，慢慢对自己说"放松"，体会从紧张到放松的感觉。

深度肌肉放松法不仅可以迅速缓解肌肉的紧张，还能帮助大脑建立松弛的生理基础。

2.呼吸训练法

呼吸训练通过慢慢的深呼吸，帮助人们达到深度放松状态。它有助于减轻压力和紧张情绪，具体步骤如下：

姿势选择：平躺或坐着，保持一个舒服的姿势。

呼吸方式：用鼻子慢慢吸气，感受腹部胀起；然后缓缓呼气，感受腹部回缩。注意深呼吸的节奏，让自己放松下来。

呼吸训练是最为简单和便捷的放松技术，它能够在任何时间、任何地点进行，是快速缓解焦虑的有效方法。

3.想象放松法

这种方法通过想象一个放松的场景来帮助人们进入宁静的状态。例如，可以想象自己在沙滩上、森林里或温暖的阳光下，具体步骤如下：

眼睛闭合：找一个舒适的地方，闭上眼睛。

场景想象：想象一个让你放松的景象，关注这个景象中的气味、声音和感觉。

沉浸其中：充分沉浸在想象的场景中，让自己慢慢放松下来。

想象放松法可以从视觉、听觉、触觉等多种感官出发，给予自己全方位的身临其境的体验，从而实现深度放松。

4.自我催眠

自我催眠帮助人们认识自己的压力，通过意识和潜意识的训练，进入一种高度放松的恍惚状态。具体步骤如下：

舒适环境：找一个舒适的地方坐下或躺下。

引导放松：自我催眠可以通过自我引导，如重复某些放松的语句，想象一些放松的情景。

缓解压力：通过自我催眠，学会更好地处理个人问题，从而达到放松的效果。

自我催眠不仅能缓解日常生活中的压力，还能帮助人们更好地面对和处理情绪波动。

5. 冥想

冥想是一种无偏见地专注于当下的练习，通过有意识地调节和保持注意力来放松身心。以下是常见的冥想方法：

姿势选择：选择盘坐、端坐或平躺的姿势。

专注呼吸：闭上眼睛，将注意力集中在呼吸上，感受每次吸气和呼气的过程。

接受和放下：在冥想过程中，不评判任何想法，保持耐心和接受的心态。

冥想不仅能提高专注力和心灵的宁静感，还能帮助人们更深入地理解和体验当下的每一刻。

在大学阶段，心理健康不仅仅是能否静下心来学习的问题，更是能否应对日益复杂的社会生活的重要保障。在这段人生的关键时刻，掌握放松训练的方法无疑会为我们的生活增光添彩，使我们能够以更加平和的心态迎接挑战。

●●●● 心海 实战 ●●●●

情绪稳定性自我测试

情绪是我们每天生活中的重要组成部分。下面这个测试将帮助你了解自己的情绪敏感度和稳定性。请认真阅读每个问题，并选择最符合你感受的选项。

1. 当你看到自己最近一次拍的照片时，你的想法是？

A. 不太满意　　　　　　　　B. 非常满意　　　　　　　　C. 还行

2. 你是否经常思考未来会有什么让自己极度不安的事情？

A. 经常想到　　　　　　　　B. 从不思考　　　　　　　　C. 偶尔会想到

3. 你曾被同学起过外号或受到嘲笑吗？

A. 经常　　　　　　　　　　B. 从未　　　　　　　　　　C. 偶有

4. 上床后，你是否经常起床检查门窗、煤气等是否关闭？

A. 经常　　　　　　　　　　B. 从未　　　　　　　　　　C. 偶尔

5. 你对自己关系最亲密的人的满意度如何？

A. 不满意　　　　　　　　　B. 非常满意　　　　　　　　C. 基本满意

6. 半夜时，你是否经常感到害怕？

A. 经常　　　　　　　　　　B. 从未　　　　　　　　　　C. 很少

7. 你是否经常因噩梦而惊醒？

A. 经常　　　　　　　　　　B. 从未　　　　　　　　　　C. 很少

8. 你是否曾多次做同一个梦？

A. 有　　　　　　　　　　　B. 没有　　　　　　　　　　C. 记不清

9. 有没有一种食物让你吃后想呕吐的？

A. 有　　　　　　　　　　　B. 没有　　　　　　　　　　C. 记不清

10. 除了现实世界外，你心里是否还有另一个世界？

A. 有　　　　　　　　　　　B. 没有　　　　　　　　　　C. 记不清

11. 你心中是否时常觉得你并非现有父母所生？

A. 有　　　　　　　　　　　B. 没有　　　　　　　　　　C. 记不清

12. 你是否曾经觉得有人爱你或尊重你？

A. 有　　　　　　　　　　　B. 没有　　　　　　　　　　C. 说不清

13. 你是否常常觉得家庭对你不好，但实际上他们对你很好？

A. 是　　　　　　　　　　　B. 否　　　　　　　　　　　C. 偶尔

14. 你是否觉得没有人真正了解你？

A. 是　　　　　　　　　　　B. 否　　　　　　　　　　　C. 说不清

15. 早晨醒来时你最常有的感觉是什么？

A. 忧郁　　　　　　　　　　B. 快乐　　　　　　　　　　C. 说不清

16. 每到秋天，你的感觉经常是怎样的？

A. 秋雨缠绵或落叶纷飞　　　B. 秋高气爽或阳光明媚　　　C. 不清楚

17. 站在高处时，你是否觉得站不稳？

A. 经常　　　　　　　　　　B. 从不　　　　　　　　　　C. 偶尔

18. 平时你是否觉得自己身体强健？

A. 是　　　　　　　　　　　B. 否　　　　　　　　　　　C. 不清楚

19. 一到家你是否立刻关上房门？

A. 是   B. 否   C. 不清楚

20. 你是否在小房间里关上门后感到不安？

A. 是   B. 否   C. 偶尔

21. 当需要做决定时，你是否觉得很难下决心？

A. 是   B. 否   C. 偶尔

22. 你是否经常用抛硬币、纸牌、抽签等方法占卜吉凶？

A. 是   B. 否   C. 偶尔

23. 你是否常常因碰到东西而跌倒？

A. 是   B. 否   C. 偶尔

24. 你是否需要一个多小时才能入睡，或总是醒得比较早？

A. 经常   B. 从未   C. 偶尔

25. 你是否曾看到、听到或感觉到别人觉察不到的东西？

A. 经常   B. 从不   C. 偶尔

26. 你是否觉得自己有普通人没有的能力？

A. 是   B. 否   C. 偶尔

27. 你是否曾觉得有人在跟踪你，因而心里不安？

A. 是   B. 否   C. 不清楚

28. 你是否觉得有人在关注你的言行？

A. 是   B. 否   C. 不清楚

29. 当你一个人走夜路时，是否感到潜在的危险？

A. 是   B. 否   C. 偶尔

30. 你如何看待自杀行为？

A. 可以理解   B. 难以置信   C. 不清楚

评分标准

以上每题选择 A 得 2 分，选择 B 得 0 分，选择 C 得 1 分。将你的得分相加，算出总分。得分越低，表示你的情绪越稳定；得分越高，表明你的情绪越紧张。

测试结果解释

0～20 分：情绪十分稳定，自信心强，善于理解周围人的情感和需求，具备良好的社交能力。你大多时候性情开朗，受人喜爱。

21~40分：情绪基本稳定，较为深沉和理智，但有时对事情的考虑过于冷静，处世态度显得淡漠。尽管你自信心稍显不足，但总体上还是可以平衡情绪的波动。

41分以上：情绪起伏较大，烦恼较多，经常感到紧张和矛盾。如果得分超过50分，建议寻求专业心理医生或精神科医生的帮助。

请仔细统计你的总分，了解自己情绪管理的状况，希望对你有所帮助。

●●●● 精彩 "心" 赏 ●●●●

《阳光灿烂的日子》

《阳光灿烂的日子》是姜文执导的经典影片，于1994年上映。这部电影以其真实而深刻的情感描绘，成为讲述青少年成长与情绪探索的代表作。这部影片通过展示青少年的内心世界与情感波动，让观众深刻体会到了情绪在个体成长过程中的重要性和影响力。

电影背景设定在20世纪70年代的北京，正值少年的马小军与朋友们度过的那个阳光灿烂的夏天。影片开篇就是他和朋友们在炎炎夏日的胡同中嬉戏打闹，成长的烦恼和快乐交织其中。姜文通过细腻的叙事手法和对每个角色的精心刻画，让观众真切地感受到青春的躁动与纯真。

《阳光灿烂的日子》不仅仅是一部青春片，更是一部关于情绪和内心世界的深刻探索。情感冲突与变化贯穿全片，观众通过马小军和他周围人的故事，体验到情绪的复杂性和重要性。影片中的每一个角色都在情绪的起伏中成长，他们的愤怒、悲伤、欢笑和泪水，无不昭示着情绪对个体成长的巨大影响。

通过这种真实而感人的情感描绘，影片成功地让观众不仅仅看到，更感受和思考情绪的力量。正如大学生在人际交往中所体现出的多样性和平等性，《阳光灿烂的日子》也展现了情绪的多样性与平等性，每一个情感瞬间都值得尊重和理解。

——一起聊聊抑郁

抑郁情感的共情体验

本游戏旨在提高学生对抑郁症的理解和共情能力，通过互动体验，引导学生更加关注自身及他人的心理健康。

游戏背景

在我们的学习和生活中，抑郁症常常被忽视和误解。大学生由于学业压力、社交紧张等原因，心理健康问题尤为突出。学生通过本游戏，能够更好地理解抑郁症，增加对心理问题的关注。

游戏流程

1. 分组讨论

将全班同学分为若干小组，每组 3~5 人。每组将获得一个情感体验卡，卡片上写有不同情感（如绝望、孤独、无助等）。小组成员需要讨论并理解这种情感，尽可能详细地描述它可能是什么样的体验。

2. 创作故事

每组讨论后，需要创作一个短篇故事，故事的主角是一个正在经历抑郁症的人。故事应描述出主角面临的困境、情感体验，以及他们如何与这些情感斗争。小组成员需要把自己的情感体验融入故事中，使其更加真实和具象化。

3. 情感戏剧

小组需将创作出的故事改编为短剧，并在全班面前表演。表演过程中，可以使用道具，但重点应放在情感表达上。其他同学观看表演时，应仔细观察和思考，尽量体察演员所表达的情感。

4.活动讨论

表演结束后，进行全班讨论，并回答以下问题：

（1）你觉得表演中的情感体验是否真实可信？为什么？

（2）你在观看表演时，能否感受到那种情感？具体感受如何？

（3）当你描述或表演别人的感受和想法时，有什么困难？你是如何克服的？

（4）你觉得他人对你的情感和想法的理解准确吗？为什么？

5.总结与反思

教师讲解关于抑郁症及其症状的专业知识，澄清误区。教师提供一些实际建议，比如当发现自己或者他人有抑郁倾向时，应该如何帮助和寻求帮助。

通过该课堂游戏，学生不仅能够更好地理解抑郁症，同时学会用更加包容和理解的态度对待自身及他人的心理健康问题。游戏的最终目标是帮助学生们看到心灵深处不可忽视的脆弱，从而共同携手创造一个充满理解和关爱的校园环境。

模块一

揭开抑郁的面纱：抑郁的概述

 能量包

　　小C，大一新生，在高中时期有过短暂的情绪低落，但并未被明确诊断为抑郁症。在进入大学后，她开始感到压力逐渐增大，情绪波动也愈加明显。她性格内向，不善与人沟通，与父母关系一般，有很多心理困扰。学业压力、对生活的适应不良，以及与室友、同学的冲突，使她感到孤独和压抑。她开始出现失眠、食欲不振、注意力难以集中等症状，情绪也更加低落。

　　小C的辅导员在例行谈话中，注意到她情绪低落且缺乏活力，便进一步关注她的情况。辅导员了解到，小C近来经常感到心情低落，不愿参加社交活动，并且多次提到生活无意义。

　　通过初步沟通和心理测评，辅导员发现小C存在轻度抑郁情绪。她自述感到生命没有意义，但尚未出现自杀或自残的倾向。心理老师判定她的状况需要及时干预，但不至于立即进行住院治疗。

　　辅导员陪同小C到心理咨询室进行进一步的评估和咨询。心理咨询师为小C设计了一系列认知行为疗法，并鼓励她尝试一些放松训练，如深呼吸练习和冥想。同时，学校心理中心安排了定期的心理咨询，帮助小C逐渐调整心态，提升自信心。

　　经过两个多月的心理咨询和自我调整，小C的情绪状况有了明显改善。她开始主动参与校园社团活动，与同学互动也逐渐增多。

　　【扬帆起航】小C的案例不仅展示了大学生轻度抑郁症的心路历程，更强调了心理危机干预的重要性和迫切性。我们希望通过加强心理健康教育和干预措施，让每一个学生都能在校园里收获健康。

一、抑郁的形态

　　抑郁情绪、抑郁人格和抑郁症是三种不同层次的心理状态，它们既有联系又有区别。抑郁情绪是每个人都会经历的正常情感反应，抑郁人格则是那些更容易体验和持有抑郁情绪的人的特征，而抑郁症则是一种需要科学治疗的心理疾病。

（一）抑郁情绪

　　情绪是人类复杂心理活动的重要组成部分，正性情绪（如高兴、喜悦等）和负性情绪（如悲伤、愤怒等）共同构成了我们丰富的情感体验。当我们处于开心、满足的情绪中时，往往会觉得一切顺理成章。而一旦陷入负性情绪，特别是抑郁情绪，我们则可能会开始怀疑自己：我是不是有什么问题？

　　事实上，抑郁情绪是我们每个人在生活中都会经历的一种正常反应。失恋时的痛苦、事业受阻时的挫败感、家人离世时的悲伤，这些都会引发抑郁情绪。我们要理解，抑郁情绪并不可怕，它是一种情感信号，提醒我们当下的心理状态。在大多数情况下，抑郁情绪只是一时的，随着时间的推移和环境的改变，它们会自然消退。

（二）抑郁人格

　　尽管每个人都会在某些时期体验到抑郁情绪，但并不是每个人都会发展成抑郁症。这其中的重要因素之一便是抑郁人格。抑郁人格存在于那些很容易体验到抑郁情绪并且这种情绪会持续存在的个体。

　　抑郁人格的形成可以归因于多个因素。首先，遗传因素在其中起到了重要作用。例如，抑郁质气质类型，就受到先天神经类型的影响。这类人往往内向、敏感、多愁善感，面对生活中的各种刺激，他们更容易感受到压力和不安，从而更容易体验到抑郁情绪。

其次，早年生活经历也对抑郁型人格的形成有深远的影响。如果一个孩子在成长过程中频繁经历创伤，特别是无法避免的重要分离（如父母的离异或死亡），他们可能难以从中恢复过来。这种持续的悲痛和失落感，会逐渐内化为个体的基本人格特征，使得他们在成年后更容易陷入抑郁的情绪之中。

（三）抑郁症

当抑郁情绪持续时间过长且严重影响到日常生活和功能时，我们便需要考虑是否进入了抑郁症的范畴。抑郁症，又称抑郁障碍，是一种以持续性抑郁为主要特征的心境障碍。它不仅会给个体带来情绪上的困扰，还会在躯体和认知方面造成一系列连锁反应。

抑郁症的表现形式多种多样，包括但不限于重性抑郁障碍、恶劣心境、经前期烦躁障碍等。无论是哪一种类型，抑郁症的核心症状都是持续性的悲哀、空虚或易激惹心境，并伴随明显的功能损害。例如，一个患有重度抑郁症的人，可能无法投入平时喜欢的活动，甚至基本的日常事务（如起床、洗漱）也变得困难重重。

更为严重的是，抑郁症往往会使得个体的认知功能下降，对生活的兴趣减退，甚至出现自杀的念头和行为。世界卫生组织（WHO）数据显示，抑郁症已经成为全球性问题，每年都有很多人因此失去生命。因此，理解抑郁症，并给予患病个体充分的关怀和支持，显得尤为重要。

二、抑郁相关的理论解释

（一）抑郁是一种适应机制

从生物进化的角度来看，机体的进化目标无非生存与繁衍。不可思议的是，抑郁在这个过程中竟然表现出了一种独特的适应机制。

抑郁的症状，比如低落的心境和悲观的情绪，实质上可以看作是对不同生存风险的应激反应。当我们遇到如亲人去世，事业、学业失败或重要关系的丧失等负面情景时，就会出现心境的低落。

想想看，一个人遭遇重大生活变故时，如果仍然保持愉悦的情绪，继续无厘头地消耗能量，显然是不合逻辑的。相反，情绪的低落迫使个体减少活动，保留能量，进行自我保护和反思。在这种意义上，抑郁是一种独特的生物进化适应机制。

（二）精神分析的观点：抑郁是丧失的反应

精神分析学派则将抑郁看作是应对丧失的反应。弗洛伊德和追随者们认为，抑郁的根源在于个体生活中的重大丧失——亲人、事业、声誉，甚至是自我价值感的丧失。而这些当下的丧失，会引发潜意识中童年丧失经验的痛苦，这两者相互作用，使得我们陷入了抑郁情绪的深渊。

比如，失恋这件事在我们学生时期或许不足为外人道，但它完全可能激活我们童年被忽视或被抛弃的记忆，使得我们感受到比实际事件更为剧烈的痛苦。因此，精神分析学派通过探索个人的早年经历，试图明晰这些潜在的情绪冲突，从而有效地治疗抑郁。

（三）行为主义的观点：学来的无助与退缩

行为主义的观点从一个完全不同的角度解释抑郁：抑郁是个体长期缺乏正增强作用，从而学到的一种消极性的退缩应对。何为正增强作用？就是说，当我们表现出适当的行为时，应该能够得到奖励或赞赏。

然而，如果生活中令人欢欣的奖励少，而打击和惩罚太多，我们就会对生活产生一种无奈感。例如，一个学生如果在学业中总是得不到老师的认可，反而屡屡受到批评，那么长此以往，他就有可能在面对新挑战时选择退缩、逃避，慢慢地陷入无助的状态。

行为主义理论提供了一种积极解决的方式，那就是通过行为训练，增加个体在生活中获得正面心情的机会，从而逐步减少消极行为，解决抑郁问题。

（四）认知论的观点：思想决定情绪

认知学派关注我们如何理解和解读世界，他们认为认知因素对抑郁的产生起着关键作用。也就是说，思想方式决定了我们的情绪。

当个体对环境变化完全无法控制或对未来彻底失去把握时，这种无力感和不可预测性会使我们陷入情绪的低谷。想象一下：如果一名学生认为自己无论如何努力都无法通过考试，或认为未来没有任何希望，那么他很可能会丧失求生的斗志，甚至放弃所有的追求。

这种"习得性无助感"的态度，让个体在认知上夸大自己的失败经验，以至于陷入自责、自卑的循环，把自己逼到情绪崩溃的边缘。认知学派因此提出，通过识别和改变负面思维模式，帮助个体树立积极、自信的认知方式，进而有效地应对抑郁。

心灵的阴霾：大学生抑郁的表现及影响因素

一、大学生抑郁的表现

许多人都对大学生活充满了憧憬：自由、成长、友谊、新知识的获取……这一切都如同打开了一扇通往无限可能的大门。然而，有时候这扇门后藏着的不只是美丽的风景，还有一些无人能参透的阴霾。而这种阴霾，就叫作抑郁。下面我们来聊一聊大学生抑郁的主要表现，让我们了解并关注自己和身边的朋友。

（一）认知表现

在课堂上，老师滔滔不绝地讲课，黑板上的知识点密密麻麻地排列。当你本应该全神贯注听讲时，却发现自己的思绪飞到了千里之外。这并非你的兴趣突然转移到那棵窗外的树，而是抑郁的认知表现让你难以集中注意力。你的思维像被灌了铅一样，迟缓而紊乱，常常精神涣散。学习成绩的下降，不仅仅是因为课业的繁重，而是记忆力的持续下降让你忘记了最基本的知识点。记忆力的下降让你在日常生活中丢三落四，钥匙找不到、手机遗失，这些小事频繁上演，仿佛你的生活在一片浓雾中迷失了方向。

（二）情绪表现

你会发现曾经喜爱的东西，渐渐地失去了吸引力。那就像打火机坏掉了一样，怎么也燃不起心中的火焰。你曾经热衷的摄影，曾经钟爱的游戏，现在都变得索然无味。你感受不到生活的乐趣，甚至觉得一切都没有意义，陷入了目标不明确的空虚感中。你的情绪像失去了颜色的画布，变得暗淡无光。

（三）行为表现

人们常说，行动会体现一个人的心态。当抑郁悄然笼罩你的生活，你的行为也会随之出现变化。首先是社交回避。你会发现自己越来越不喜欢与人交往，总是在聚会中找个借口逃离，喜欢一个人沉浸在自己的小世界中。再比如，生活习惯的紊乱使原本规律的作息被打乱，晚上熬夜到凌晨，早上昏昏沉沉起不来，学习任务也堆积如山，拖延症成了你的常客。甚至有些人还会采取不健康的行为方式，比如过度饮食或节食，以此来逃避内心的焦虑与无助。

（四）躯体症状

抑郁不仅仅是心灵的阴霾，还会以各种形式出现在你的身体上。难以入眠成了经常性的困扰，即使勉强入睡，也很容易惊醒。你会感觉到莫名的疲劳，做任何事情都提不起精神，困乏伴随着你的每一天。头痛、胃痛这些小毛病也频繁光顾，让你不得不频繁地求助于医生。然而，即使经过各种检查，也找不出任何具体的病因。在许多情况下，这些症状都是抑郁的信号。

（五）隐匿性抑郁

并不是所有的抑郁都表现得如此明显，有些抑郁像演员一样，擅长伪装，隐匿在生活的细节中。

1. 微笑型抑郁

有些人在外人面前总是笑容满面，甚至活泼开朗，但内心隐藏着深深的抑郁。这种微笑型抑郁很难被察觉，因为他们的外在表现与内心的真实感受截然相反。即使在朋友面前，他们也很少流露自己的负面情绪，心里的痛只有自己知道。

2. 勤勉型抑郁

勤勉型抑郁反常的是，明明内心充满低落情绪，却常常表现为工作狂、学习狂，忙碌不止。这种行为上的过度补偿机制，虽然表面上看似高效，却隐藏了巨大的心理压力。勤勉型抑郁患者时常处于高压状态，缺乏足够的休息时间，最终可能陷入更深的情绪黑洞。

3. 躯体型抑郁

有些抑郁者的表现更隐蔽，他们主要通过躯体症状来表达内心的抑郁。头痛、头晕、胸闷，甚至胃肠不适，都是躯体型抑郁的常见表现。由于这些症状非常具体而多样，很容易被误诊，他们长时间得不到有效的心理治疗。

在大学生活中，抑郁不仅影响了学习和生活质量，更重要的是对心理健康产生长期危害。然而，抑郁并非不可战胜，正视它、理解它，积极寻求帮助，才是战胜它的关键。大学生活有太多美好的事情在等待着你，不要让抑郁遮住了你前进的方向。

二、大学生抑郁的影响因素

第一次踏入大学校园，心里肯定是五味杂陈吧？兴奋，开心，抑或紧张和不安。新环境、新朋友、新学科，大学生活的确充满了可能性与挑战。然而，不少同学到校后逐渐发现，并非一切如想象中的那么美好，尤其是一些受抑郁情绪问题困扰的大学生，他们所经历的困难远比他们自身预期的要多。到底是什么在影响他们的情绪呢？

让我们一同探讨大学生抑郁的几个主要影响因素。

（一）学业与就业压力

我们首先来看一看迫在眉睫的学业和就业压力。显而易见，学业压力在大学生心理负担中首当其冲。高等教育的根本任务是传授知识与技能，但对许多学生而言，更像是一场不断升级的智力角斗。高强度的课程、频繁的考试，尤其是期中、期末考，繁重的课程作业，逼迫学生们绷紧所有的神经。

就业压力，无疑也像一块巨石，重重压在每个临近毕业的大学生心头。每到毕业季，校园里的"未就业"声音此起彼伏。大大小小的招聘会，乃至各类考试，让他们在求职旅途上疲惫不堪。随着社会对人才多样化需求的增加，不同专业和领域之间的竞争愈发激烈，让人难以招架。就业不仅是对知识的检验，更是对心理承受能力的一次大考验。如何在竞争中找到自己的位置，在奔忙的道路上从容应对，这些都考验着学子们的心理素质。

（二）情感困惑

情感困惑也是引发大学生抑郁的重要原因。爱情、友情、亲情，这些原本应该成为生活中温暖人心的因素，若处理不当会变成情绪暴风雨的导火索。恋爱失败、单恋未遂、友情的背离，无数次让人感觉天旋地转。要知道，青春期的爱情堪比烤箱里的面包，无论多么美好，一碰到外界打压就容易塌陷。

特别是那些独自应对情感挫折的学生，更容易陷入孤独和悲观的深潭。他们在感情上的付出得不到应有的回报，也很难和周围人倾诉。由于没有正确的情感导向和心理疏导，这些心理压力会越来越重，最终演变成情绪上的波动和抑郁。毕竟，没有人是一座孤岛。

（三）人际关系紧张

大学几乎是一个微缩的社会，在这个小生态里，每个学生都扮演着不同的角色，也承担着不同的压力。走进校园，仿佛走进了角色扮演的迷宫，如何与同学、老师、宿舍成员和睦相处，如何在挤满人的食堂找到自己的位置，这都是摆在每个学生面前的现实问题。

很多学生在高中时期有着明确的圈子和生活方式，但进入大学后发现，许多以前得心应手的交友方法，突然不再起作用。一些性格内向、不善交际的学生为了融入新环境，甚至会感到费力且疲惫。持续的社交障碍和人际关系上的冲突，会让他们感到孤立无援，心理负担日渐加重。

（四）家庭变故

家庭是孩子成长的重要环境，家庭变故带来的影响往往是深远且难以言喻的。亲人亡故、父母离异、家庭经济困难，这些家庭问题无时无刻都会给大学生的生活蒙上阴霾。离别和失去的痛苦，让他们显得无助和脆弱，自闭和抑郁往往会悄然而至。

特别是家庭经济困难的学生，他们需要承担比常人更多的负担，既要应付学业，又要应对生活开销的窘困。生活的压力和学习的压力合二为一，迫使他们每天都在重压下艰难前行，心理防线随时可能崩溃。

（五）环境改变

在所有这些原因中，环境的改变尽管常常被忽视，但它的影响同样不可忽视。从高中到大学，从家庭到学校，一个个空间改变了，生活方式也随之改变。新的环境、新的面孔、新的规则，这些因素都在悄无声息地影响着每个新生的心理状态。

社会因素方面，由于大学扩招和就业形势日益严峻，竞争和焦虑变得不可避免。大学生面对的不再仅仅是同龄人，而是来自整个社会的挑战和竞争压力，极易引发心理上的焦虑和不安。

学校方面，填鸭式的教育方法固然可以在短期内提高成绩，但不利于学生创造性的发挥和人格的形成。严格的校规和单一的教育模式，限制了学生的自由和主动性，逐步积累的心理压力会演变成严重的情绪问题。

家庭方面，当家庭经济遭遇问题，家庭成员关系发生变化时，学生们往往会感到无力和失控。特别是那些贫困家庭的孩子，他们面对的是双重挑战——生存和学业的平衡带来的双重心理压力。

模块三

迈向阳光人生：大学生抑郁的调适

每一位大学生心中都住着一座无比美丽而脆弱的花园，这座花园需要我们时时刻刻精心照料。如果没有适时浇灌和呵护，这片心灵的园地可能会受到潮湿的负能量、枯萎的情绪缠绕，逐渐陷入抑郁的泥潭。然而，调整自己的行为，关照身体，改变思维，都可以成为调适心灵的极佳路径。

一、大学生抑郁的自我调适

在这个充满竞争和变化的时代，大学生的生活既充实又茫然。学业压力、未来的不确定性、社交挑战，这些都可能让你感到一阵阵不安和低落。我们可能不能改变所有导致你抑郁的外部因素，但你可以从以下几个方面做出调整，让自己感受到更多的快乐和平静。

（一）调整行为

行为的改变是战胜抑郁的重要武器。抑郁的时候，许多人会感到自己被困在一个阴沉的旋涡中，只想蜷缩在床上，但这往往会使情绪恶化。让我们一起来做一些积极的改变吧！

1. 安排积极有趣的活动

试着每天都做一些让自己感兴趣的事情，哪怕是小事。可以是看一部轻松的电影，做一顿美味的饭菜，或者尝试一项新的爱好。即使一开始你觉得这些事情毫无意义，但当你强迫自己去做时，情绪会渐渐有所改善。

2. 分解任务，逐步完成

面对繁重的任务时，不妨将其分解成小块，小块的任务更易于完成，而且每完成一个小目标都能给你带来成就感。例如，不要想着要在一周内完成整篇论文，而是每天写一小段，每天为自己打一个小胜仗。

3. 积极运动

科学证明，运动可以增加体内的多巴胺和内啡肽水平，这些物质可以有效提升你的情绪。每天坚持做一些适量的运动，如散步、慢跑或者瑜伽，都会让你感到舒畅。

4. 承认自己的局限性

记住你也是一个普通人，不是万能的机器人。可以对自己说："今天我做得已经很好了。"学会接纳不完美的自己，减少无谓的自责。

（二）关照身体

我们的身体如同一个需要细心照料的花园。只有身体健康，情绪才会有一个坚实的基础。爱护自己的身体，从以下几方面入手：

1. 排除躯体疾病引发抑郁的可能

有时候身体疾病也会导致情绪低落。如果你发现自己长时间抑郁，并不能通过一般方法调节，最好去医院做一个全面的身体检查，排除身体疾病的可能性。

2.改变生活方式

合理的作息和饮食对情绪稳定至关重要。保持规律的睡眠时间，不熬夜，尽量不吃太多油腻和甜的食物，多吃水果和蔬菜，保持营养均衡。

3.学会放松自己的身体

可以尝试一些放松方法，如冥想、深呼吸、瑜伽。每天抽出几分钟时间，闭上眼睛，用心感受呼吸，把注意力集中在身体的不同部位，逐步放松。

（三）改变惯有的负性思维

思维方式是抑郁情绪的温床，负性思维是需要我们主动调整和克服的。

1.识别负性思维

首先你要识别这些负性思维。比如，当你发现自己在做负面的自我评价时，可以停下来，问自己："这是事实还是我自己的负面想象？"往往你会发现这些并不是事实，而是情绪在作怪。

2.质疑负面想法

拿出你的小本子，把总是浮现的负性思维写下来，然后问问自己："有没有证据支持这些想法？有没有其他可能的解释？"尝试从积极、现实的角度来看待事情。

3.替代负性思维

将那些负面想法替换成积极的、建设性的思维方式。比如，把"我没有任何用处"替换成"虽然现在有困难，但我正在努力并且会变得更好"。

二、大学生抑郁的社会调适

（一）建立良好的社会支持网络

抑郁症患者常常感到自己孤立无援，认为自己不被人理解和支持。而实际上，建立一个牢固的社会支持网络可以有效减轻抑郁症带来的痛苦。

1.社交互动的重要性

一个强有力的社会支持网络始于与他人的真诚互动。每个大学生都应该勇敢走出自己的舒适区，积极参加学校或社区的各种活动。例如，加入一个有共同兴趣的小组或者参加志愿者活动，不仅能丰富自己的体验，也能结识一些志同道合的朋友。在与他人的互动过程中，通过分享彼此的经历和情感，构建起深厚的社会联结，从而在面临困境时获得支持和理解。

2.家庭支持的价值

家庭往往是最坚实的后盾。与家人保持良好的沟通无疑是缓解抑郁情绪的重要途径之一。即便是在外求学，定期给家人打电话或者视频聊天，可以让他们了解自己的现状，同时也能感受到来自家庭的关爱和支持。有研究表明，家人的关心和理解能显著减轻大学生的压力和焦虑感。

（二）抑郁的心理治疗

当抑郁的症状已经严重到影响日常生活时，寻求专业的心理治疗是不容忽视的选择。尽管有些学生可能会因为对未来的迷茫和无力感而隐藏寻求帮助的意图，但专业的心理治疗可以从根本上帮助他们走出困境。

1.心理咨询的重要性

心理咨询是抑郁症治疗的主要方式之一。通过与专业心理咨询师的对话抒发内心的困惑，并接受专业的建议和指导，可以逐步改善心理状态。心理咨询不仅限于解决问题，更重要的是帮助学生建立积极的情绪调节机制，从而在日后面对生活中的挑战时能够更加从容。

2.药物治疗的合理使用

对于那些抑郁症状极为严重的学生，单纯的心理咨询可能无法完全缓解病情，这时候，药物治疗可以作为辅助治疗方法。在专业心理医生的指导下，根据个人情况制定合理的药物治疗方案，能够有效缓解抑郁症状。但是，学生不要自行购买和使用药物，所有药物都必须在医生的监督和指导下使用，以避免不必要的副作用，出现成瘾风险。

3.大学心理健康服务的利用

大多数大学都设有心理健康服务中心，为学生提供心理咨询和支持。对于有抑郁倾向的同学，第一步就是走进心理健康中心，表明自己的需求。不要担心被贴上"有问题"的标签，寻求帮助也是爱自己的表现。这些专业人员经过专门训练，能够提供全面而细致的心理援助。

青春 训练营

卸下负担

同学们，大家想象一下，你手里有一颗小小的石子，拿在手里第一分钟，感觉很轻松，对吧？如果你一直拿着一小时，手臂可能会开始有点酸痛。假如你继续持有一天，甚至一个星期，你可能已经无法坚持，需要医疗援助了。这颗石子就像我们平时面对的压力，无论压力有多大，握得越久，它越沉重。要想长久地持有这颗石子，我们需要间歇性地放下它，休息片刻，再重新拿起。同样地，在现实生活中，我们也常常面对各种各样的压力，那么在这种情况下，你是怎样处理这些压力的呢？接下来，希望大家以小组为单位，分享一下各自的减压技巧，并讨论哪些方法是健康的，哪些是不健康的。

健康的应对方式

1. 定期运动

2. 改善和增强人际关系

3. 正确认识和面对压力

4. 均衡饮食

5. 通过阅读、写作或手工艺来放松

6. 定期进行呼吸练习或冥想

7. 制订并执行合理的时间管理计划

8. 寻求专业心理咨询或辅导

…………

不健康的应对方式

1. 吸毒

2. 暴饮暴食

3. 过度消费

4. 长时间使用手机，沉迷于虚拟世界

5. 过度饮酒

6. 无节制地熬夜

7. 自我隔离，拒绝与朋友和家人交流

8. 将压力转嫁给他人，通过争吵或暴力发泄情绪

…………

心海 实战

贝克抑郁自评量表（BDI）

你是否经常感到心情低落、情绪不振？或许你曾怀疑自己是否患上了抑郁症。别担心，今天我们要聊的不是某个严重而冷门的心理疾病，而是一个帮助你了解自己情绪状态的小工具——贝克抑郁自评量表（BDI）。

贝克抑郁自评量表（BDI），由美国心理学家亚伦·贝克在 20 世纪 60 年代开发，是最常用的心理自测量表之一，能帮助你了解自己是否有抑郁情绪，并且为你提供一个科学、客观地审视自己情绪状态的机会。BDI 由 21 个陈述组成，每个陈述有 4 个选项，分别代表不同的情绪或行为状态。在你填写时，请选择最符合你过去一周内感受的选项，这样你就能获得最真实准确的评估结果。接下来，让我们一起来看看这些问题吧。

1. 情绪状态

A. 我没有感到难过　　　　　　　　B. 我感到难过

C. 我始终感到难过，不能摆脱　　　D. 我难过、灰心丧气，无法承受

2. 对未来的态度

A. 我的未来充满希望　　　　　　　B. 我对未来感到心灰意冷

C. 我觉得未来没有什么值得期待　　D. 我对未来感到绝望

3. 对自己的态度

A. 我对自己不感到失望　　　　　　B. 我对自己感到失望

C. 我对自己非常失望　　　　　　　D. 我讨厌自己

4. 自责

A. 我没有特别责怪自己　　　　　　B. 我责怪自己所做的事

C. 我老是责怪自己　　　　　　　　D. 我责怪自己一切事情

5. 对事情的满足感

A. 我对上次的事情感到满意　　　　B. 我不感到特别愉快

C. 我对大部分事情都不满意　　　　D. 我对任何事情都不满意

6. 内疚感

A. 我没有感到特别内疚　　　　　　B. 我时常感到内疚

C. 我老是感到内疚　　　　　　　　D. 我感到内疚，无法摆脱

7. 自我评价

A. 我和别人没有什么两样　　　　　　B. 我认为自己有很多缺点

C. 我经常看低自己　　　　　　　　　D. 我觉得自己一文不值，不如别人

8. 对死亡和自杀的念头

A. 我没有想到过自杀　　　　　　　　B. 我有过自杀的想法，但不会做

C. 我有过自杀计划，但不打算实行　　D. 我会自杀

9. 哭泣

A. 我没有比平时更多地哭　　　　　　B. 我比平时更多地哭

C. 我总是哭　　　　　　　　　　　　D. 我想哭却哭不出来

10. 焦虑不安

A. 我没有感到坐立不安

B. 我比平时更多地感到坐立不安

C. 我总是感到不安

D. 我感到坐立不安到无法长时间保持安静

11. 兴趣和热情

A. 我对以前喜欢的事物仍感兴趣　　　B. 我对以前感兴趣的事物兴趣减少

C. 我对以前感兴趣的事物已失去兴趣　D. 我对任何事物都失去兴趣

12. 拖延和优柔寡断

A. 我做决定和以前一样快　　　　　　B. 我做决定比以前慢一些

C. 我做决定比以前更优柔寡断　　　　D. 我对于做决定感到很艰难

13. 自我评价

A. 我和别人没有什么特别大的不同　　B. 我认为自己比别人差

C. 我经常自责　　　　　　　　　　　D. 我觉得自己一文不值

14. 对生活的兴趣

A. 我和过去一样，对任何事情都感兴趣　　B. 我对某些事情兴趣减少

C. 我对大多数事情失去兴趣　　　　　D. 我对任何事情都没有兴趣

15. 果断力

A. 我做决定和过去一样快　　　　　　B. 我做决定稍有拖延

C. 我做决定的时间比以前更长　　　　D. 我觉得做任何决定都很艰难

16. 自我贬低

A. 我不像以往那样自贬　　　　　　　B. 我比以往更多自责

C. 我会经常自责　　　　　　　　　　D. 我什么事都责怪自己

17. 无力感

A. 我现在并不觉得比以前更无力　　B. 我感到无力，无法完成平常的事情

C. 我觉得我已无法完成任何事情　　D. 我感到无法动弹

18. 睡眠问题

A. 我平时并没有多梦或者睡眠减少

B. 我比平时更难以入睡

C. 我比平时更难继续入睡

D. 我总是难以入睡或者总是感到睡不醒

19. 易疲劳

A. 我并没有感到比以前更疲劳　　B. 我比以前更容易疲劳

C. 我即使不做太多工作也感到疲劳　　D. 我已疲劳到做任何事都觉得累

20. 食欲减退或增加

A. 我的食欲和过去一样　　B. 我觉得我的食欲比过去减少

C. 我觉得比平时更没有胃口　　D. 我觉得自己根本无法吃饭

21. 体重变化

A. 我的体重并没有明显变化

B. 我在最近一个月体重减轻了约半公斤

C. 我在最近一个月体重减少了1公斤以上

D. 我最近体重锐减（4公斤以上）

评分标准

A计为0分，B计为1分，C计为2分，D计为3分。将所有题目的得分相加得出总分数。

评估结果

总分为0～63分，根据得分的高低，能够将抑郁的严重程度大致区分为：

·0～13分：抑郁情绪很轻或无抑郁；

·14～19分：轻度抑郁；

·20～28分：中度抑郁；

·29～63分：重度抑郁。

当然，BDI只是一个自评工具，并不能作为诊断的依据。如果你在评分上发现自己有抑郁倾向，请务必寻求专业心理咨询师或医生的帮助。

••• 精彩"心"赏 •••

《小王子》

《小王子》是法国作家安托万·德·圣 - 埃克苏佩里所写的一部经典童话小说。它是世界文学的瑰宝，讲述了一位来自外星球的小王子的奇幻旅程，通过他的眼睛，探索成年世界的荒诞与孤独，展现纯真、爱与责任的力量。

《小王子》的故事从一位飞行员的视角展开，他因飞机失事而被困在撒哈拉沙漠。一次偶然的机会，他遇到了从一个遥远小行星 B-612 来的小王子。小王子非常纯真与好奇，他对飞行员诉说了在他星球上的生活，包括他与一朵傲娇的玫瑰花之间复杂而美丽的情感故事。因为对玫瑰花的思念与探寻爱的真谛，他开始了星际旅行。小王子到访了不同的星球，每个星球上都住着一个象征现代社会中不同特质的成年人，如爱炫耀的国王、爱财如命的商人、机械遵守命令的点灯人、不断计算的地理学家等等。在这些交流中，小王子逐渐理解了成年人世界的荒谬与孤独，同时也愈发怀念他的玫瑰花。其中最具象征意义的是小王子在地球上结识的狐狸。在这个过程中，狐狸教会了小王子什么是"驯服"，什么是"用心去看"，以及情感的真正珍贵之处。通过与狐狸的互动，小王子理解了什么是爱与责任，这使他重新认识了自己与玫瑰花之间的关系。回到飞行员被困的沙漠，飞行员与小王子建立了深厚的友谊。当小王子决定返回自己的星球时，他选择了通过一种特殊的方式——让毒蛇咬自己。

每一段故事，仿佛轻轻抚慰受伤的心灵，提醒我们在孤独和痛苦中，依然可以找到温暖和希望。就像小王子始终守护着他的玫瑰花，我们也可以学会如何用爱包裹自己的世界。每读一遍《小王子》，心灵便如同接受了一次温柔的洗礼，使人重拾面对生活的勇气和对未来的希望。

抑郁或许会使我们感到孤立无援，但是正如小王子所示，真挚的情感与深刻的理解能够跨越任何障碍，重新点燃我们内心深处的那抹亮光。每一个细微的情节，都如同一颗治愈的种子，在心底悄然发芽，滋养着我们重新找到生活的方向与力量。

• • • • 课堂 在线 • • • •

扑克牌背后的秘密

活动目的

体验不同社会地位带来的心理感受，探讨如何在人际交往中保持自尊及尊重他人。

活动时间

20 分钟。

活动道具

录音机或音响设备、扑克牌。

活动流程

1. 宴会之旅的开始

让我们从一场模拟的"宴会"开始吧。活动一开始，播放轻松的背景音乐，用这段音乐来引导大家进入一个轻松的社交氛围。接下来，每个人将会拿到一张扑克牌，这张扑克牌将作为宴会"入场券"。扑克牌的大小（K、Q、J、10、9 等）代表各自的"社会地位"。

2. 把尊贵与卑微带到生活中

拿到扑克牌的小伙伴们，请将扑克牌贴在胸前最明显的位置。接下来，模拟宴会正式开始，你们需要根据扑克牌的大小，尝试用语言和非语言的方式与周围人打招呼。把自己假想成高贵的王者或者普通的小人物，试着在这种设定下和他人互动。K 代表着国王，A 可能就意味着最底层的士兵。你会怎样展示你的"身份"呢？又如何融入这样的社交场合中呢？

3. 音乐停止，真相揭晓

当音乐停止时，请按照扑克牌的数字从大到小排成一列。我们逐一报出胸前的扑克牌，看看哪些人是宴会中的"高贵者"，哪些人是"平民"。这种体验会带给你们什么感受呢？觉得自己是 K 的同学，大家是如何对你表示敬意的？反之，拿到 A 的同学，又是如何看待自己在这个社交圈中的角色的？

4. 自由讨论

接下来，进入自由讨论环节。大家可以分享处于"尊贵"或"卑微"地位时的心理感受，以及这种体验如何影响了你们的行为和情绪。最重要的是，请大家将这种体验和生活中的人际交往联系起来。回想一下，生活中你会不会因为一些外在因素对别人有过某种特殊对待？或者你自己又是否曾经因为某些外在的"符号"被其他人特别对待过？

这种角色体验与真实生活是有共通之处的。现实中，我们也许不会真正带着扑克牌，但衣着、言谈、行为方式常常在无意中成为我们身份的"名片"。因此，理解和善用这些"符号"，尊重和善待他人，是构建和谐人际关系的重要基础。

课后反思

通过这次活动，我们希望同学们能够：无论处于何种"地位"，都应保持自信与尊重；学会通过交流来增进了解，消除误解；通过自我观察与反思，找到适合自己的社会角色，不必被外界的评价左右。

模块一

你不是一个人在战斗：人际交往概述

能量包 ▼

在山东济南的一所高校里，大一新生小梦遭遇了融入集体的难题。由于性格内向，加之家庭经济条件普通，父母因工作繁忙对她关怀不足，小梦在步入大学后感觉尤为孤独。她与室友间的相处逐渐出现裂痕，日常琐事引发的摩擦让宿舍氛围变得紧张，进而引发了她的强烈情绪波动——厌学情绪滋生，情绪低至谷底，甚至出现了暴饮暴食的行为，对宿舍产生强烈的逃避心理，从偶尔周末归家演变为频繁请假。

面对这一系列变化，小梦意识到自我调整的必要，勇敢地迈出了寻求帮助的一步。她主动联系了学校的心理咨询中心，开始了一段自我疗愈与成长的旅程。在心理老师的耐心引导下，小梦的心境逐渐开阔，学会了更有效的情绪管理。她开始在人际交往中展现新的面貌，与室友的关系逐渐回暖，宿舍成了她温暖的避风港。同时，暴饮暴食的不良习惯也得以纠正，生活回归正轨。

毕业前夕，小梦成功获得了济南一家知名装饰公司的实习机会，标志着她在人生道路上迈出了坚实的一步。

【扬帆起航】小梦的故事向我们展示了人际交往在个人成长和成功中不可替代的作用。它提醒我们，在追求学业和事业成功的同时，也要注重培养自己的人际交往能力。只有这样，我们才能在复杂多变的社会环境中游刃有余地应对各种挑战和机遇。

一、人际交往的概述

你可能已经发现，无论你是哪个学科，哪所学校，人际交往都是必不可少的。我们每个人都是社会动物，需要通过交往与他人建立联系。人际交往就像一座桥梁，让我们从孤岛走向丰富多样的世界。人际交往并不仅仅是两个人面对面说话，而是一个多层次、多维度的互动过程，包括语言、肢体动作、情感交流及行为回应等多个方面。

（一）信息的交流，情感的流动

人际交往的第一层意思，便是信息和思想情感的交流。当与朋友聊天、向导师请教、与同事合作时，我们都在交换信息。这些信息包括日常的琐事、专业知识、价值观念等，不论复杂与否，它们都在不断地塑造和影响我们的思维。

试想一下，你通过一场成功的沟通，解决了一个困扰你很久的问题。那种成就感和满足感是无法替代的。而这，仅仅是人际交往带来的正面效应之一。

（二）心灵的互动，行为的回应

人际交往的第二层意思，则是在信息和情感交流的过程中，双方的心理是互动的。一方的行为会引起另一方的相应行为。例如，你向同学伸出援助之手，不仅帮助了他们，也可能赢得友谊和信任。

再如，当你与他人有争议时，通过冷静和理性的沟通，你会发现矛盾往往能够得到缓解。因为人际交往中，情感的传递具有积极的能量，可以让紧张的关系得到舒缓。

二、人际交往的重要意义

有人曾说："生活就像一场漫长的旅行，有趣的人际关系会让旅途更加精彩。"通过与不同背景、性格和兴趣的同学交流，你不仅能开阔视野，还能在遇到问题时更容易找到合适的人帮你解答。比如，当你卡在某个学术难题无法突破时，一个经验丰富的学长可能就会给你点拨，使你豁然开朗。

（一）培养友情

莎士比亚曾说过："朋友是命运赐给我们的礼物。"友情，是生活中最珍贵的财富之一。通过人际交往，你可能会遇到与你志趣相投的朋友，共同分享喜怒哀乐。无论是在寝室畅聊，还是在校园咖啡馆静静拼书论文，这些互动都会深刻地影响着你，甚至在多年后回想起来也会心头一暖。

尤其在高压的学习环境中，有稳固的友情支撑，不仅让你在情感上得到慰藉，还能在关键时刻得到实际的帮助。朋友间的互相交流，可以帮助你更好地理解包容和尊重，学会谅解和妥协。这些品质不仅仅是在校园生活中有用，更会在未来的生活中成为你不可或缺的软实力。

（二）化解矛盾

在人际交往中，矛盾和误解是不可避免的。但通过良好的沟通，你可以学会如何化解这些矛盾，从而避免无谓的冲突。理解和共情是化解矛盾的重要手段。面对纷争时，冷静地表达自己的观点并理解对方的立场，往往能使问题迎刃而解。

比如，在团队中，可能会因为分工问题产生分歧。这时候，有效的沟通就显得尤为重要。通过开诚布公的讨论，每个人分享自己的想法，你会发现很多问题其实并没有想象中那么复杂。理解对方的感受，尊重每个人的观点，通常可以找到一个折中的方案，使团队合作更加顺利。

（三）寻求理解和支持

当我们面对困惑和挑战时，人际交往可以为我们提供宝贵的理解和支持。无论是向导师请教学术问题，还是与亲友分享生活中的烦恼，这种理解和支持是我们克服困难的动力源泉。

比如，考试前夕的焦虑感可能深深地困扰着你。这时，如果能找到一个经验丰富的朋友，互相打气和鼓励，甚至分享一下复习技巧，会让你应对考试时更加自信。同样，职业生涯初期的困惑和压力，通过与学长学姐或已经进入职场的朋友交流，你会得到许多实用的建议和指引，使你不至于在职业选择和发展中迷失方向。

成长链接 ▶

一个人到底能承受多少孤独？

美国著名心理学家斯坦利·沙赫特曾精心设计了一项实验，旨在揭示人际互动对人类生存不可或缺的重要性。该实验中，5名大学生参与者以每小时15美元的报酬被邀请进入一间完全封闭的小型空间，空间内设施极为简约：一桌、一椅、一床、一卫生间以及一盏照明灯，再无其他多余之物。实验期间，每日三餐通过房门下方的小窗口递送，确保无须任何面对面交流即可获取，以此营造极致的独处环境。

实验结果显示，参与者的独处能力大相径庭：有人仅能坚持短短两小时便因难以忍受而请求终止，而最长的一位则惊人地坚持了8天之久。这位坚持8天的受试者事后坦言："再多一秒，我都可能陷入崩溃的边缘。"这一实验深刻揭示了，对于普通人而言，长时间的孤独隔绝是难以承受的，进一步强调了人际交往作为人类基本需求之一的重要性，它不仅是生存所需，更是心理健康的基石。

（四）促进沟通：核心技能的提升

沟通是人际交往的核心技能。高职学生需要掌握各种沟通技巧，以便在不同的情境中表达自己的观点和立场。通过与不同人群的交往，你将逐步提高自己的沟通能力，比如学会聆听、反馈和非语言沟通等。

举个例子，在社团活动中，策划一场活动往往需要协调多个部门的工作。如何清晰地传达你的想法，如何有效地说服别人接受你的观点，这些都是通过实际的沟通训练才能掌握的技能。而这些技能，会在未来的职场生活中给你带来巨大的帮助，让你更具竞争力。

（五）收集信息

在这个信息爆炸的时代，人际交往是我们获取各种信息的重要渠道。而这些信息，通常是你通过网络或其他途径难以获得的"内幕"消息。

比如，你可能通过与学长学姐的交流，得知某门课的老师更倾向于什么样的作业形式，或者哪个实习机会更适合你的发展方向。这些信息的积累，都会在你未来的职业选择和学术研究中发挥重要的作用。

人际交往不仅让我们的生活更丰富多彩，还能让我们在学术和职业生涯中获得更多的支持和机会。因此，我们一定要重视并提高自己的人际交往能力，让自己在辉煌的青春岁月中结识更多志同道合的伙伴，共同走向美好的未来。所以，勇敢地迈出第一步吧，说不定你面前的这个人，就是你未来人生道路上最重要的伙伴之一。

丰富多彩的内心渴望：人际交往的特点及原则

一、大学生人际交往的特点

大学生涯不只是学术知识的积累，也是重要的人际交往的"预演场"。在这个充满梦想、挑战和机会的特殊时期，大学生的人际交往不仅为其提供了精神支持，也为日后的社会生活奠定了坚实的基础。那么，大学生的人际交往究竟有哪些独特的特点呢？

（一）迫切的交往欲望

在大学这片自由的天地里，新生往往带着对知识和人际关系的渴望踏入校园。某高校的一项问卷调查显示，在多个选项中，有83%的学生选择了"友谊"作为他们最迫切的需要，仅次于对知识的渴求。这说明，大学生社会参与的愿望强烈，他们渴望与他人交往，希望被理解和认同。这种迫切的交友愿望不仅让他们在学术上更加坚韧，也为他们未来的社会生活打下了坚实的基础。

（二）强烈的平等性追求

随着生理和心理的逐渐成熟，大学生自我意识也在快速成长。他们拥有强烈的平等观念，追求在交往中的对等关系。这种平等性不仅体现在日常相处中，也表现在他们对独立人格的不断追求上。与以往不同，大学生现在更加注重与他人相处时的公平和尊重，希望以独立的姿态融入社会。这种平等性追求有助于他们在逐渐复杂的社会环境中，建立健康、和谐的人际关系。

（三）多样性

大学生文化水平高，兴趣广泛，思想活跃，这使得他们的人际交往呈现出多样化的特点。他们不仅仅有学术上的合作和讨论，还热衷于对社会问题的调查研究，关心时事，积极参与社会实践和公益活动。这种多样性让大学生不仅限于校园内的交往，还通过各种途径拓展社会交往的范围，提高独立谋生的本领。当然，面对纷繁复杂的社交情境，大学生也需要提高自我保护意识，避免受到不良影响。

（四）丰富的内心世界

大学生思想活跃，有着丰富的精神世界。与前几代相比，他们更注重精神领域的交流。交谈思想、切磋学问、探索人生和抚慰鼓励都是他们交往的重要内容。某次关于大学生交往目的的调查显示，66.9%的学生认为交往有利于学习，49.2%的学生认为交往能共同探索人生。这说明，大学生的人际交往更多的是为了满足精神需求，丰富自己的精神世界，即便是物质上的援助，也只是精神交往的一种辅助行为。

（五）情感型与功利型交往并重

在大学生的人际交往中，情感和功利往往并重。大学生十分注重感情的交流，追求心灵的共鸣。然而，随着社会的发展，他们的交往目的在一定程度上趋于理性化和世俗化。大学生开始注重交往中的互惠互利，选择与那些能促进自身发展的人交往。根据一项针对大学生交往目的的调查，除了66.9%的人认为交往有利于学习外，15.2%的人认为有利于工作，16.8%的人选择便于娱乐，28.5%的人认为生活上互相照顾很必要。这反映出大学生在重视情感交往的同时，也开始关注交往带来的实际利益和效果。

二、大学生人际交往的原则

"矩不正，不可成方；规不正，不可为圆。"人际交往如同工巧而精密的制造工艺，有它特定的准则。对于在高职院校奋斗的大学生，如果想要在纷繁复杂的校园生活中建立和谐的人际关系，掌握这些原则不失为重要法宝。

（一）平等与尊重

无论你是学习上的学霸，还是你颜值出众，抑或你有显赫的家庭背景，尊重和平等永远是维系良好关系的基石。在人际交往中，大学生们必须明白，不论对方是谁，只有站在对等的位置上，相互尊重，才有可能建立深厚的友谊。

试想一下，当你的室友为你递上一杯温暖的姜茶，而你却带着傲慢冷笑回绝，这样的态度能让人和你愉快共处吗？答案显然是不能。相反，尊重别人、平等待人，不仅能让周围的人感到舒适和被理解，还能为你赢得更多的朋友。

（二）真诚待人

"真诚待人"这四个字或许你早已听腻，但它的重量绝对不容轻视。你可以用真诚打动对方的心，但一旦虚伪的面具被揭穿，之前的所有努力都将功亏一篑。

大学生活充满了机遇和挑战，我们需要结交不同的人、建立不同的关系。如果你总是虚幻地表演，早晚有一天会被戳穿，从而失去信任感。真诚是一种力量，它能化解矛盾、打破隔阂，建立在信任之上的关系才是真正牢固的。正所谓："人心换人心，四两对千金。"

（三）理解互惠

在与人交往的过程中，相互理解和支持绝对是关键。每个人都希望被接纳和喜欢，这是一种天然的心理需求。在校园生活中，我们往往在意的是自己的表现，希望自己无时无刻不在他人视线的中心，这样的交往可能会让我们遭遇困境。一个"以我为中心"的人，必然会让同学、朋友感到不满，进而疏远你。

人际关系需要的是理解和支持，每个人都不会无缘无故地喜欢我们。同样，大学生在人际关系中要学会接纳和欣赏他人，只有这样才能获得他人的喜欢和支持。尝试站在对方的角度考虑问题，了解对方的处境和情绪，给予必要的帮助和支持，这样的做法无疑会让对方心怀感激，你们之间的关系也会因此更加稳固。

（四）宽容谦逊

社会的多样性使得每个人都有其独特的背景、文化和个性。差异的存在可能带来误解和矛盾，影响人际关系的顺利发展。大学生在处理人际关系时，宽容和谦逊是一条重要的原则。

宽容意味着能够容忍他人的不同，不轻易计较他人的过失。谦逊则是低调和自谦，能让你在交往过程中呈现出良好的品德。而当你遇到误解和矛盾时，能够以宽广的胸怀去面对，并且尽量站在对方的角度去思考问题，往往都能化干戈为玉帛。正如一位名人曾经说过的："一个人最大的美德是宽容，它能消融心中的任何敌意。"

（五）信用为本

信用既是人格的反映，也是信任的基石。当你承诺了某件事情，就应该尽力去完成；当你说了某句誓言，就应尽量去遵守。大学生在交往中，若表现出诚实守信的态度，不仅能赢得他人的尊敬，还能为自己搭建一个更广阔的人脉圈。

试想一下，如果你和朋友约好了晚上一起复习考试，但最终你失信了，你觉得他下次还会愿意和你约会吗？不仅如此，久而久之，你可能会被冠以"失信"的标签，从而被周围的人疏远。

提升人际交往魅力：人际交往策略

在校园里、社团里，你是否也曾经因为别人的一个微笑而心生好感？或者因为一次误会与人疏远？我们如何才能在这段精彩的青春岁月里，建立起暖心又长久的人际关系呢？

一、大学生人际交往的影响因素

（一）外表吸引

回想一下你初次见到某位朋友的情景：他们是因为一身漂亮的装束还是幽默诙谐的谈吐让你眼前一亮？无论是哪一种，你都不能忽视外表吸引的巨大影响力。第一次见面，你还不了解对方的内心世界，只能通过外表去做初步判断——这在心理学上被称为"一见钟情"。

外表不仅包括长相，还涵盖了气质、风度、谈吐和衣着。这些外在因素在初期的互动中产生巨大影响。但随着交流的深入，这些外表因素逐渐退居次席，内在因素开始起主导作用。即便如此，干净整洁、得体的装扮无疑是打开社交局的第一步。

（二）人格吸引

要想在大学这个"社交竞技场"中脱颖而出，内在的魅力才是持久战中的王牌。人格吸引涉及性格、气质、能力、才华和品德等多个方面。乐观开朗、助人为乐、富有幽默感、有进取心的人，注定会受到周围人的喜爱和尊重。

举个例子，班上的某位同学一直积极参加社团活动，擅长组织各类志愿活动，富有责任感，他不仅赢得了老师的信任，也成为同学心目中的"闪光点"。这些优秀品质，使他在人际交往中如鱼得水。

（三）能力吸引

没有人会拒绝与聪明能干的人交朋友。有某方面特长的人往往能吸引有共同兴趣爱好的人在一起。喜欢踢足球的朋友总会聚在一起组织比赛，爱读书的朋友也会喜欢互相交流读书心得。这不仅是因为共同话题带来的愉悦，更是因为能力和特长使他们彼此产生了尊重和钦佩。

然而，能力与吸引力之间并非完全成正比。在美国心理学家阿伦森的一项实验中，最受欢迎的人是那些"能力超凡但犯了错误的人"，而最不受欢迎的人则是"能力平平又犯了错误的人"。这个现象揭示了人们往往欣赏那些在某方面能力突出的人，但对那些能力中等、处处瑕疵者则有些排斥。

（四）互补吸引

大学生涯中，互补吸引也是建立强大人际关系的一个重要因素。互补是指在沟通双方之间，某些特质能够互为补充。我们常听到的"男才女貌""男刚女柔"，就是互补吸引的典型例子。

想象一下，如果你和你的室友性格都非常强硬，或者你们都过于内向，那么相处起来必然会有不少摩擦。而如果两人有一方喜欢照顾他人，另一方则懂得感恩和回馈，这种关系反而会更稳定。在社团工作中，这种互补关系尤为重要，一个擅长组织管理，一个擅长具体操作，往往会取得令人满意的效果。

（五）接近性吸引

"远亲不如近邻"，这句老话在大学生活中显得格外真切。你初来乍到，最先熟悉认识的肯定是舍友或邻座同学。接近性吸引并不仅限于物理上的靠近，还包括在学习和工作场合上的经常接触。同班同学、社团成员，甚至图书馆里常见的面孔，这些都是你未来社交网络的重要组成部分。

室友就是你每天沟通最多的对象，不仅因为你们住得近，更是因为日常的磨合和激励促进了关系的密切。室友间的这种近距离高互动，为你的人际关系奠定了坚实的基础。

（六）相似性吸引

"酒逢知己千杯少，话不投机半句多。"相似性吸引在大学生之间的影响力尤为强大。兴趣相投、背景接近、价值观相近的同学最容易结成友好的交往关系。但需要注意的是，过度的相似性也有可能导致关系的单调。拓展自己的兴趣爱好，认识不同背景的人，将为你打开更多的人生大门。

二、大学生人际交往心理问题及调适

在校园里，每天有数百个面孔擦肩而过，也有很多种情感在心中激荡。对于大学生来说，人际交往不是一个简单的过程，而是一个复杂的心理旅程。在这个旅程中，社交恐惧、自卑心理、孤独感和嫉妒心理往往成为我们前行的障碍。下面，我们一起来探讨这些障碍的根源，并找到战胜它们的方法。

（一）社交恐惧：走出自我封闭的小圈子

社交恐惧是很多大学生常见的困扰。无论是面对新朋友时的脸红心跳，还是在人群中感到难以自处，社交恐惧都会阻碍我们拓展友谊的脚步。社交恐惧有多种类型，可以是气质型恐惧，也可能来自过去的挫折经验。不管是哪一种，关键在于我们要认识到社交是生活中不可或缺的部分。对此可参考以下调适方法：

1. 积极心态：认识到在人际交往中，每个人都可能会经历挫折，唯有积极面对才能突破障碍。

2. 做好准备：做好前期准备，了解社交活动的背景，练习自我介绍，提升自信。

3. 接纳自我：学会接受自己的缺点，通过实践不断改进，提升社交能力。

成长链接▶

喜剧泰斗查理·卓别林曾指出："掌握拒绝的艺术，生活将更加惬意。"构建和谐的人际网络，并非意味着无条件的妥协。在人与人的交往中，适时的拒绝同样不可或缺，它能防止关系沦为单向负担，从而减轻个人的心理重压。拒绝的艺术，蕴含多种策略。

1. 明确拒绝：清晰阐述拒绝的理由，力求表达中不失礼貌，避免显得尖刻或冷漠。

2. 委婉回绝：运用柔和而巧妙的言辞，既传达了拒绝之意，又维护了对方的尊严，比如"那个提议确实吸引人，不过……"

3. 巧妙回避：采取迂回策略，既不明确肯定也不直接否定，而是将话题轻轻转向别处，此法尤适用于处理过分要求或难以直接回应的问题。

4. 沉默以对：面对具有挑战性甚至冒犯性的问题，选择以沉默作为回应，这种无声的拒绝方式往往能形成强大的心理暗示，让对方自感无趣而退。

（二）孤独感：从独处到融入集体

许多学生在进入大学后，会由于远离家乡和亲友，处在陌生的环境而感到孤独。

孤独并不仅仅是一个人独处，而是一种感觉，即使周围人声鼎沸，也可能陷入孤独。这种孤独长期得不到缓解，会导致心情郁闷甚至精神抑郁。对此可参考以下调适方法：

1. 自我暗示：当感觉孤独时，自我鼓励，相信自己可以融入集体。

2. 积极社交：主动参加课外活动，寻求共同兴趣，结交新朋友，增强自信。

3. 逐步改变：认识孤独带来的危害，决心改变，慢慢增加与人交流的机会。

（三）自卑心理：找到属于自己的自信

自卑心理常常让人感到自己无法与他人媲美，忧郁、悲观、自我否定的情绪困扰不断袭来。在人际交往中，自卑感成了向前迈步的巨大障碍。理解自卑的根源是迈向自信的第一步。对此可参考以下调适方法：

1. 正确认识自我：致力于发现自己的长处，小步改进，增强自我认可。

2. 改善自我形象：通过外在形象和内在知识的提升，增强个人魅力。

3. 适度反省：反省是好事，但要避免过度自责，接受自己的不完美，同样重要。

（四）嫉妒心理：从对比中找到平衡

嫉妒心理是人际交往中的一大毒瘤，它不仅会让我们远离朋友，也会影响自身的心理健康。嫉妒心理的根源在于过于关注他人的优势，而忽视了自己的长处。可参考以下调适方法：

1. 关注自己的长处：经常聚焦于自己的优点和成就，通过积极的自我评价来冲淡嫉妒心理。

2. 沟通交流：面对他人的成绩，坦然接受并通过交流减少心中的不满。

3. 开阔眼界：增强自身修养和见识，学会正确看待别人的成绩。

三、建立良好的寝室人际关系

大学生活中，寝室是我们的第二个家，而寝室的伙伴则是我们每天朝夕相处的。然而，来自不同背景的同学们汇聚一堂，生活习惯、兴趣爱好乃至性格特点的差异，使得对寝室关系的处理颇为讲究。一方面必须保持自己的个性，另一方面也要尽量照顾室友的感受。那么，如何既能建立良好的寝室关系，又能在这小小的空间里度过愉快的时光呢？

（一）统一作息

虽然说每个人都有自己的作息时间，但寝室这个集体需要的是协调一致。在这样的环境中，统一的作息时间不仅可以减少争执，还能消除摩擦，维持寝室秩序。如果你是个"夜猫子",在别人都已入睡时才开始洗漱,势必会影响其他人的休息。久而久之,这样的习惯会引发室友的厌烦。

因此,寝室的全体成员应尽量协商出统一的起居时间,并严格遵守。如果因特殊原因需要早起或晚睡,也应尽量减少对他人的影响——如降低声响,使用台灯而不是大灯等。这样,才能在最大程度上维护寝室的和谐。

(二)平等待人,拒绝"小团体"

在寝室,硬要搞"小团体"是大忌。每个成员都应该尽量以平等的态度对待他人,不要厚此薄彼。对于某些人来说,可能会因为兴趣相投而更亲近某些室友,但在寝室这个小社会里,我们需要的是宽容和包容。

和一部分人打得火热,而对另一部分人冷淡无情,不仅会引起他人的不悦,还会使寝室关系变得紧张。在处理这种情况时,我们不妨主动与不同的人交流,增进彼此之间的友谊,而不是分隔成小群体。

(三)完成各自的杂务

寝室是大家共同生活的地方,保持整洁和卫生是所有人共同的责任。每个人不仅要搞好自己的卫生,还要参与到寝室的集体工作当中。在寝室这种集体环境中,懒惰和敷衍的态度显然是行不通的。

扫地、整理公共区域等杂务需要大家共同完成。你不能总是期待别人帮你搞好卫生,而自己却袖手旁观;相反,要尽力搞好自己的那一份,不让自己成为寝室中的"拖油瓶"。寝室的整洁不仅关乎个人卫生,还直接影响到室友的心情和感受。

(四)闲聊时务实谦和,避口舌之争

"卧谈会"是寝室生活的必备调剂品,也是同学们交流感情的重要时间。但有时,闲聊中小小的意见分歧和摩擦可能会演变成激烈的争执。某些同学喜欢说笑话、争辩或者揭他人的短,这些行为虽然当时可能显得风趣幽默,但往往会引起他人的不满。

这里需要提醒的是,避免逞一时口舌之快,在讨论时保持谦虚和礼貌是非常重要的。不要因为一时的胜负而伤害彼此的感情。尤其在一些敏感话题上,一定要注意分寸,多一些理解和宽容。

(五)尊重他人隐私,打造信任空间

每个人都有自己的隐私,而尊重他人的隐私是寝室和谐的重要前提。不要去乱翻室友的衣物、私人用品,更不要去打听他人的隐私。大家生活在一起,某些隐私细节

难免会被知道，对此我们应自觉守口如瓶，不将这些信息传播给他人。这不仅是对室友的尊重，也是一种道德的体现。

（六）互帮互助，建立信任和友情

寝室关系的良好建立离不开互帮互助。当室友遇到困难时，我们应当主动伸出援手，不要怕麻烦。反过来，当我们遇到问题，也不要犹豫，可以随时向室友寻求帮助。这样的互助不仅能解决具体问题，还能增加彼此间的信任和友情。有问题要开口，不要一个人硬撑，只有相互支持，寝室关系才会更加稳固。

（七）不拒绝小恩小惠：拉近距离

生活中，室友偶尔会带点零食回寝室，或者因某些事情请大家吃饭，这时候不要一味拒绝。接受别人的心意不仅是对对方的尊重，更是拉近彼此距离的好机会。假设每次都拒绝别人，别人可能会觉得你很清高，不愿意与你交往。接受零食和邀请，本质上是接受一份友情，建立在这样的基础上，寝室关系才会越来越亲密。

（八）避免长时间的冷战，及时沟通

在寝室生活中，难免会有摩擦和冲突。如果产生了误解或者矛盾，不要长时间冷战。冷处理只会加剧矛盾，久而久之积累成更大的问题。最好的方法是及时沟通，把问题摊开说清楚。在表达自己观点时，要保持冷静和理智，而不是情绪化。这不仅能及时解决问题，还能增进彼此间的理解。

归根结底，建立良好的寝室关系需要大家共同的努力。每个人都需要站在集体的角度，去考虑他人的感受，与室友建立更深的友情。只有这样，我们才能在大学生活中拥有一个温暖、和谐的小家，在这个大家庭中度过美好时光。

活动宗旨

提升沟通技巧、团队协作与增强互动性。

活动时长

大约 20 分钟。

实施步骤

1. 分组与准备：将参与者分为每组 20 人，确保每组有足够的空间进行活动。给每位成员分发一张 A4 纸和一支笔。

2. 第一轮：静默执行

指导教师发布指令，要求全员闭眼，全程保持静默，执行撕纸任务。完成后，学员睁开眼睛，观察并比较各自手中的纸张形状，记录下结果。

小组内轮流分享自己的观察结果和感受，讨论为何在没有沟通的情况下会产生如此多样的结果。教师引导讨论，强调沟通在统一行动中的重要性。

3. 第二轮：开放交流

教师再次发布指令，但这次允许学员在执行过程中自由提问和交流。鼓励学员们相互协助，确保每个人都能按照相同的步骤操作。

4. 互动环节：创意改造

学员们利用手中的纸张（无论形状如何），进行创意改造，可以折叠、剪裁或绘画，创造出新的作品。小组内交流创作想法，共同完成一项小组作品，并分享创作过程中的沟通和协作经验。

5. 总结与反馈

教师总结活动，强调沟通、团队协作和创意在日常生活和工作中的重要性。邀请学员分享个人感悟和收获，以及对未来如何更好地应用这些技能的思考。

这样的活动设计，不仅增强了学员的沟通能力，还促进了团队协作和创意发挥，同时增加了活动的趣味性和互动性。

心海 实战

你擅长社交互动吗？为了评估自己的社交技能水平，请尝试以下简易自测题。测试规则简洁明了，只需针对每个问题从 A、B、C 三个选项中勾选一个答案即可。

1. 你是否常感到难以准确表达自己的想法？

A. 经常　　　　　　　　B. 偶尔　　　　　　　　C. 从不

2. 他人是否经常误解你的观点？

A. 是的　　　　　　　　B. 有时　　　　　　　　C. 从未

3. 当他人不理解你的言行时，你是否会有挫败感？

A. 会   B. 有时会   C. 不会

4. 被他人误解，你是否倾向于放弃解释？

A. 是   B. 偶尔   C. 从不

5. 你是否倾向于回避社交活动？

A. 经常   B. 有时   C. 很少

6. 在社交场合，你是否感觉与人交流有困难？

A. 是的   B. 偶尔   C. 轻松自如

7. 你是否大部分时间偏好独处？

A. 是的   B. 有时   C. 喜欢与人相伴

8. 是否曾因表达不畅而错失改变生活的机会？

A. 是的   B. 有过   C. 没有

9. 你是否偏爱那些无须频繁与人打交道的工作？

A. 非常喜欢   B. 有点喜欢   C. 不太喜欢

10. 你是否觉得让他人真正理解自己很难？

A. 是的   B. 有时感觉这样   C. 没有这种感觉

11. 你是否会尽力避免与人建立深入联系？

A. 会   B. 有时会   C. 不会

12. 你在公众场合发言是否感到困难？

A. 非常   B. 有点   C. 不觉得

13. 别人是否常用"内向""不善言辞"等词来形容你？

A. 经常   B. 偶尔   C. 从不

14. 表达抽象观点对你来说是否困难？

A. 是的   B. 有时   C. 很容易

15. 在人群中，你是否倾向于保持沉默？

A. 总是   B. 有时   C. 乐于参与讨论

计分规则

A 选项得 3 分，B 选项得 2 分，C 选项得 1 分。将所有题目得分相加得到总分。

评估结果

总分 45~38 分：这个分数区间表明你在社交互动中可能遇到了一些挑战，包括表达自我、理解他人以及在社交场合中自如交流等方面。你可能经常感到词不达意，或者发现他人难以准确理解你的意图和观点。此外，你可能对社交场合感到不自在，甚至有时会选择回避。

总分 37～23 分：这个分数区间表明你在社交方面表现出色，能够自如地与他人建立联系和沟通。你能够清晰地表达自己的想法和感受，同时也能够理解他人的观点和情绪。在社交场合中，你通常能够感到舒适和自信，能够与他人建立积极、和谐的关系。

总分 22～15 分：这个分数区间表明你在社交方面可能过于积极，甚至可能到了影响个人生活和心理健康的程度。你可能过于关注他人的看法和评价，过度投入社交活动，以至于忽略了自己的需求和感受。这种过度的社交积极性可能会导致你感到疲惫、压力增大，甚至影响你的工作、学习和家庭生活。

●●●● 精彩"心"赏 ●●●●

《祝福》中的祥林嫂

1. 情感投射与自我封闭

祥林嫂在遭受不幸后，常常将自己的痛苦和悲伤投射到他人身上，期待得到共鸣和安慰。然而，这种过度的情感投射往往让听者感到沉重和无力，最终导致她的人际圈子逐渐缩小，形成了自我封闭的状态。青少年同样需要警惕这种情感投射的负面影响，学会在分享个人经历时保持适度，同时也要学会倾听和理解他人的感受，建立双向的情感交流。

2. 社交焦虑与身份认同

祥林嫂的社交焦虑不仅源于外部环境的压力，还与她自身的身份认同危机有关。在封建礼教的束缚下，她失去了自我价值和归属感，因此在社交场合中显得手足无措。青少年在进入新环境时，也可能会面临身份认同的挑战，如专业选择、职业规划等。这时，他们需要积极寻找自己的兴趣和优势，建立积极的自我认同，从而增强自信心和社交能力。

3. 认知偏差与沟通障碍

祥林嫂的认知偏差，如过度概括化和选择性注意，不仅影响了她对他人的判断，也阻碍了有效的沟通。她往往只看到他人的缺点和错误，而忽视了他们的优点和长处，这导致了她与他人的关系紧张甚至破裂。青少年需要培养批判性思维和全面观察的能力，避免陷入认知偏差的陷阱。在沟通时，要注重倾听和理解对方的观点和感受，建立平等和尊重的沟通氛围。

4. 寻求支持与建立支持系统

尽管祥林嫂在人际交往中遇到了重重困难，但她也曾试图通过向他人诉说自己的遭遇来寻求支持。然而，由于种种原因，她未能建立起一个稳固的支持系统。青少年应该意识到建立支持系统的重要性，主动寻求家人、朋友、老师或专业心理咨询师的帮助和支持。同时，也要学会给予他人支持和帮助，形成相互扶持的良好氛围。

走进爱情 倾听花开

——大学生恋爱及性心理

● ● ● 课堂 在线 ● ● ●

爱的告白与优雅拒绝挑战赛

面对心仪之人，是选择将爱意深藏心底，还是勇敢表达？诚然，告白总是伴随着可能被拒绝的风险。那么，如何以真挚之心传达爱意？又如何以温柔之姿拒绝，以减少对对方的伤害呢？

活动细则

双人角色扮演：每两人一组，分别担任告白者与回应者角色。

情境构建：共同设想一个告白的场景，细致到时间、地点、双方站位及肢体语言等细节。

情感表达：告白方需真诚地展露心迹，尝试让对方感受到自己的爱意；而回应方则需以恰当方式表达拒绝。

角色互换：五分钟后，双方交换角色，体验不同的情感视角。

心得分享：交流作为告白者与被拒绝者的感受，探讨何种告白方式更能触动人心，以及如何拒绝既能维护对方尊严又能减轻伤害，总结表白与拒绝的技巧，特别是非言语沟通的重要性。

小组研讨：随后，6人一组围坐在一起，共同讨论并记录下关于告白与拒绝的爱情智慧。

活动须知

请每位参与者以真诚的态度参与，无论是告白还是拒绝，都应视为一次情感的真实流露，避免以戏谑之心对待，以确保活动的教育意义最大化。

反思与收获

在大家分享的爱情秘籍中，哪些告白策略与你产生共鸣，适合你的个性？

又有哪些拒绝的方式让你觉得既尊重了对方又体现了自己的立场？

通过这次活动，你最大的收获是什么？它如何影响了你对爱情与人际关系的理解？

爱在青春里：恋爱心理初探

能量包 ▽

一元硬币的牵绊与生命价值的觉醒

在家里，母亲正于厨房中忙碌地清洗碗碟，而三岁幼童则在客厅中自由嬉戏。突然，一阵稚嫩的哭声穿透了宁静，引得母亲心头一紧，母亲急忙奔至客厅。眼前一幕令人心焦：孩子的小手竟被一只造型独特的古董花瓶紧紧"拥抱"，瓶口狭窄，瓶身渐宽，仿佛一个温柔的陷阱，让小手进得去却难以自拔。母亲尝试了多种温和的方法，试图解救那双被困的小手，但每一次尝试都伴随着孩子因疼痛而加剧的哭泣，手腕也渐渐泛起了红晕。

面对这突如其来的困境，母亲最终做出了一个艰难的决定——她轻轻地打破了那只承载着家族记忆、价值连城的古董花瓶。随着清脆的碎裂声，小手终于重获自由。而当母亲仔细检查时，发现让孩子如此执着不放的，竟是一枚不起眼的1元硬币，它静静地躺在孩子紧握的拳心中，显得格外沉重。

【扬帆起航】这一幕，不禁让人深思。孩子纯真无邪，只知手中之物对他而言意义非凡，却不知那花瓶背后的无价。这正如青春年少时的我们，往往被眼前绚烂的爱情光芒所吸引，却忽略了生命中更广阔、更深远的价值所在。我们盲目地紧握着那份或许只是海市蜃楼的"爱情"，却未曾意识到，我们可能正在牺牲自己宝贵的青春、错失成长的机遇，甚至是在不经意间打碎了那些本应被珍视的人生"花瓶"。

一、无法逃避的爱情

什么是爱情？"爱情不是一颗心去敲打另一颗心，而是两颗心共同撞击的火花。"这意味着爱情是一种发现，是两颗心灵的交互共鸣。而这份共鸣，又源自哪里呢？这就要追溯到爱本身的内涵了。

哲学家黑格尔认为，爱情不仅仅是一种情欲，更是一种高尚优美的心灵体现，要让勇敢和牺牲的精神达到统一。心理学家弗洛姆进一步将人们眼中的爱情区分为成熟之爱和童稚之爱。他认为，只有成熟之爱才是真正的爱——"因为我爱你，所以我需要你"。而童稚之爱则是"因为我需要你，所以我爱你"。看似简单的顺序变换，却意味深长。

（一）成熟之爱与童稚之爱

什么是成熟之爱呢？用一句话概括：给予而非索取。爱他／她，不是因为他／她能满足你，而是因为你愿意为他／她无条件地付出，你希望和他／她分享生命中的美好，赞美他／她的自由意志，即使他／她拒绝你，你也尊重他／她的选择。这种爱，就像阳光，无论他／她在不在身边，你的祝福和关怀始终相伴。

反观童稚之爱，它的本质是索取。孤单、寂寞、自卑，需要他人的安慰，寻求某种满足，如此种种都是"因为我需要你，所以我爱你"。当需求没有得到满足时，抱怨和指责便会涌现，爱情关系也变得脆弱不堪。

（二）爱情不是一场交易，而是心灵的共鸣

在谈恋爱时，我们难免会迷失在需求和欲望的旋涡中。但假使把爱情当成一场交易，那它终将失去情感的本质。爱是一种贯穿心灵的行为，不是止于表面的形式。你真正爱一个人，是爱他／她的全部，包括他／她的优缺点，而不是为了满足自己的需求。

有句名言："爱是希望他／她快乐，希望他／她能够自由地做自己。"换而言之，真正的爱不会要求对方去满足你的需求，而是希望他／她成为更好的自己。这种无私的给予，会回报你无尽的甜蜜与幸福。

（三）校园爱情：理性的冷静与感性的热情

校园里，爱情更像是一条波涛汹涌的河流，有时汹涌澎湃，有时静谧幽远。恋爱，是大学生涯中一道别样的风景线。但由于各种客观与主观原因，恋爱关系往往带有盲目性和不稳定性。

你可能会困惑："我们之间是爱情吗？""如何分辨我对他／她的感情是爱，还是一种依赖？"此刻，不妨静下心来问问自己：我为什么爱他／她？我是爱他／她这个人，还是仅仅希望他／她满足我内心的需求？

爱情不怕等待，唯有真诚付出，才能收获真爱。感情如同酿酒，经过时间的沉淀，才会愈加醇厚、美好。

（四）爱的真谛：平凡生活中的升华

如果有一天，你的他／她为了你熬夜复习，为你精心准备一个小礼物，为你默默关心，甚至在你需要时默默站在你身后，请别轻易认为这些是理所应当。当我们用心去感受这些细小的付出，才能领会爱情的平凡和伟大。

爱情的真谛在于它不是惊天动地的浪漫，而是在日常点滴中，感受彼此的温度。在彼此的陪伴中，共同成长，互相支持，方能体会到那份由心而生的幸福。这种平凡生活中的升华，正是爱情最动人的地方。

心灵成长 ▶

斯滕伯格的爱情三要素指的是亲密、激情与承诺，这三个要素共同构成了爱情的基础框架：

1. 亲密（Intimacy）

亲密是指在爱情关系中能够引起的温暖体验，它建立在相互熟悉、信任和理解的基础上。亲密感意味着双方能够分享彼此的想法、感受、目标和理想，这种深层次的交流让彼此感到被理解和接纳。

2. 激情（Passion）

激情是爱情中的性欲成分，也是情绪上的着迷。它表现为对伴侣的强烈吸引和渴望，是爱情关系中浪漫和充满活力的部分。

激情能够激发人们的热情和动力，让人们在爱情中体验到强烈的情感波动。然而，激情通常是短暂的，需要不断地培养和维系才能保持其活力。同时，激情也需要与亲密感和承诺相结合，才能构成稳定的爱情关系。

3. 承诺（Commitment）

承诺是指维持关系的决定期许或担保，它代表着对爱情的忠诚和责任心。承诺不仅包括短期内的决定去爱某个人，还包括长期内为了关系的稳定和持续所做出的努力。

二、大学生恋爱的特点

大学校园里的风景不仅有明媚的阳光、茂密的林荫道和忙碌的课堂，还有那些成双人对、在花前月下共享爱情甜蜜的恋人。诚然，大学生恋爱已经成为一种普遍现象，它既彰显了当代青年对爱情的渴望与追求，也反映了他们在恋爱中的独特心理和行为特点。

（一）恋爱行为的普遍化和公开化

如今，大学生恋爱不仅普遍，而且公开化。早年间，这可能是个避而不谈的话题，但今天，大学校园里处处能看到情侣的身影。父母对大学生恋爱的态度也在转变，以前或许会反对，如今支持孩子恋爱，足见社会观念的开放和变化。

（二）恋爱目的的多样化

大学生恋爱不仅限于因相互吸引走到一起，也具有多样化的意味。有些同学因为精神空虚或新环境的不适，迫切需要陪伴和慰藉；有些人则基于"人人都在谈，我也要谈"的心理，快速进入恋爱状态。

（三）恋爱观念的开放化

伴随时代的进步，当代大学生的恋爱观念愈发开放。传统观念倡导恋爱应保守谨慎，但现在更多的年轻人认为恋爱该自由大胆，他们不愿被旧观念束缚。走在校园里，能看到许多情侣不避讳公开表现亲密。

（四）重过程，轻结果

"不求天长地久，但求曾经拥有"成为许多大学生恋爱的心态。对于他们而言，恋爱的过程比结果更重要。他们注重的是恋爱中的情感体验，而非最终能否走向婚姻。这一态度让大学恋爱显得更加随性和浪漫，但也意味着很多关系可能不会持久。为了摆脱精神空虚和打发时间，恋爱的语境变得更加轻松和随意。

（五）恋爱随意性大

恋爱周期短、频率高，许多同学恋爱凭一时冲动，对未来没有清晰规划。在短暂交往后，因为发现更合适的人而分手的情况屡见不鲜。于是，恋爱变成了试验田，少数大学生成了"恋爱专业户"，以尝试不同的爱情体验为乐。

（六）恋爱成功率低

尽管恋爱行为普遍，成功率却不高。毕业季不仅是学业上的重要节点，对于恋爱来说，也是一个分手高峰。研究表明，超过六成的恋爱因就业问题不得不分手，毕业不久仍能保持恋爱关系的不到一成，最终步入婚姻殿堂的更是少之又少。"毕业即分手"的魔咒让校园爱情多了一层忧伤的面纱，但也真实反映了爱情与现实的碰撞。

（七）网恋日益盛行

互联网的发展为恋爱提供了新形式——网恋。虚拟的网络成了爱情的温床，许多未曾谋面甚至远隔重洋的大学生通过网络相识、相恋。网络的隐蔽性和便捷性，让大学生迅速接纳这一方式，从而形成了大学生恋爱的又一个显著特点。

（八）爱情与责任的失衡

当代大学生在面对恋爱时，常常重感情而轻责任。他们渴求爱情的甜蜜，却往往忽略背后的责任。激情驱使下，许多人无法理智处理感情和性的关系，由此引发了一系列问题。大学校园的恋爱，既充满了激情与浪漫，也伴随着复杂和矛盾。

三、爱情的发展阶段

提到爱情，不得不让人心生一股暖意。那些甜美的回忆、错综的情感和历经波折后的心灵契合，都是恋爱过程中不可忽视的生命历练。尤记得那初次相遇时的心跳，那眉目传情间的悸动。下面，就让我们细说爱情的"四重奏"：共存期、反依赖期、独立期和共生期。

（一）共存期：热恋的欢愉

共存期，顾名思义就是两个人如胶似漆地黏在一起。这段时间，我们更愿意称之为热恋期。在这个阶段里，小情侣们总是恨不得 24 小时陪伴在彼此身边，哪怕只是默默坐在同一个房间里，做着各自的事，也觉得无比满足。无论是和朋友聚会，还是奔赴各种活动，总有一个身影愿意随行陪伴。这个阶段的特征是情感浓烈，仿佛两个人始终在一片浪漫的云雾中飘荡。

确实，热恋期的甜蜜是难以替代的。这时候的我们，总是习惯将对方理想化，将对方的一切优点无限放大，即便是一些小缺点也会变得甜蜜。比如他不擅长做饭，你却觉得他炒的那道青菜别有风味；她喜欢黏人，你却觉得那是她对你特别的依赖……两人心甘情愿地去迎合和迁就对方，只为那份一刻不离的陪伴。

（二）反依赖期：寻找自我

然而，随着时间的推移，当我们从共存期的热恋中稍稍退却下来，就会进入反依赖期。这是一个必须经历的阶段，当某一方或者双方开始渴望有更多独立空间时，这段时期就开始了。反依赖期往往会带来一些爱情的波折，因为我们突然发现，除了浪漫的甜甜蜜蜜，爱情还夹带着现实的酸甜苦辣。

这一阶段，彼此需要学会如何在爱情中保持自我人格的完整。有人会觉得对方不够爱自己了，觉得恋爱不再甜蜜，就会产生冲突和分歧。也有人会借此机会去完善自我，将时间投入到个人兴趣和事业中，以实现自己的价值。如果双方能够理解，并给予对方足够的信任和支持，就有可能顺利度过这个艰难的阶段。否则，许多情侣就会在这个阶段分道扬镳。

（三）独立期：磨合与成长

经历了反依赖期的动荡，爱情将迎来独立期，即俗称的"磨合期"。这一阶段充满了理解、包容和协作。你们不再是那个无时无刻需要腻在一起的小情侣，而是两个独立而成熟的个体。这意味着，你们将在爱情之上发展个人独立的生活、自我成长的空间，同时也会学会如何相处、如何尊重彼此的差异。

通过这一过程，情侣们将慢慢适应对方的节奏，学会处理彼此之间的差异，而不是一味地妥协。当你们开始接受对方的小缺点，甚至可以幽默地提及时，那么恭喜你们，你们在爱的磨合期逐渐取得了平衡。在这期间，互相给予对方空间和时间，不带压力地经营这段感情，是迈向下一阶段的关键。

（四）共生期：相亲相爱同行

然后，我们迎来了爱情的最美好部分——共生期。在这个阶段，情侣们彼此谅解、相互支持，共同成长。你们挽手走过风雨，共享每一个愉快的瞬间。共生期象征着恋爱达到了一个和谐美满的顶点，你们不仅仅是情侣，更是生活中的伙伴，是彼此最亲近、最信任的那个人。

共生期代表两个人在情感、人格、生活上的深度契合。经过前几个阶段的历练，你们熟知彼此的喜好、习惯、脾气，并在这些基础上建立起你们特有的相处模式。共生期最大的特点，是双方对彼此有着深厚的了解和信任，同时还能保持个体的独立性。这意味着你们能够在一起分享喜怒哀乐，也能分别追寻各自的梦想，而这一切都基于真心的支持与理解。

爱情的每个阶段都有其独特的魅力和挑战。从初见时的心动，到逐渐确立自我，再到理解和包容，最后达到共生的和谐。恋爱是一场漫长而美丽的旅程，我们在这条路上不断成长，发现自己，也了解对方。

心灵的共鸣曲：恋爱中的心理现象与调适

一、恋爱中的心理效应分析

在恋爱的世界里，充满了各种心理效应，可能无形中影响着我们的每一个决定。而认识并理解这些效应，可以帮助我们更冷静地面对爱情中的种种迷茫和选择。在这个纷纷扰扰的恋爱时期，希望你们能找到属于自己的暖心港湾。

（一）首因效应

先来聊聊一个人人都经历过的现象——首因效应。还记得第一次见他/她的情景吗？那一瞬间的眼神交汇，可能决定了你们是否能走得更远。心理学告诉我们，初次见面留下的印象会在我们头脑中占据主导地位。有人说："第一印象很重要。"这话果然没错，因为第一次见面时的感觉可能决定了你们之后交往的基调。所以，下次约会前，记得精心准备哦！

（二）吊桥效应

还记得电影《泰坦尼克号》吗？那艘船上的浪漫与激动，让人忍不住有点"心跳加速"。其实，这种现象在心理学上有个名字叫"吊桥效应"。当你在一种紧张、激动的情境（比如走吊桥或逃命时）遇到异性，你的心跳加速会让你误以为自己"爱"上了对方。但实际上，这只是生理反应和情感错位的完美结合。所以，别被一时心动迷惑，真正的爱情需要时间来慢慢培养。

（三）黑暗效应

昏黄的灯光下，两个人的影子在桌面上交织。你是否曾在这样的氛围中感到心跳更快、距离更近？心理学指出，黑暗环境能减少我们的防御感，让我们更容易敞开心扉。黑暗效应解释了为什么很多浪漫约会都安排在灯光柔和的地方。这种时候，不妨多说心里话，因为这是一种让彼此更亲近的好机会。

（四）契可尼效应

初恋，总是让人难以忘怀。那是因为契可尼效应在作祟。这个效应表明，人们更容易记住那些未完成的事情，而初恋往往充满了未完成的愿望和未实现的梦想。这种未竟的情感，反而在记忆中变得更加深刻。所以，别奇怪为什么总是对初恋念念不忘，它只是我们心里的一场小特殊罢了。

（五）多看效应

情侣们，难道你们没发现，待在一起的时间越久，你们会觉得对方越可爱？这就是多看效应的体现。心理学家发现，人们对多次见面的人物或事物会产生更多的好感。也就是说，经常看到某人，你就会越来越喜欢他 / 她。所以，如果你对某人有好感，制造更多的相遇机会可能是让他 / 她爱上你的好方法！

（六）投射效应

在虚拟世界中，人们更容易产生一种叫作"投射效应"的心理。我们常常会把自己的情感、特质投射到对方身上，以为对方也是如此。而实际上，这样的自我投射容易让我们陷入一种对对方的不真实幻想。所以，网恋需谨慎，真实的了解和面对面的交流才能保证爱情的真实性。

（七）拍球效应

有时候一场小小的争吵会越来越激烈，像拍球一样越拍越高，这就是拍球效应的体现。彼此顶着压力，越争越凶。但是，适当地解决压力和情感，才能让彼此在争吵后更理解对方。下次吵架时，不妨让自己冷静下来，好好沟通。

二、大学生恋爱中常见的困扰

（一）选择困惑

谈恋爱，是很多大学生活中不可或缺的一部分。每当我们谈及大学生活，恋爱总是一个避不开的话题。校园恋爱比起成熟阶段的爱情，有更多的冲动与年轻的悸动，却也往往伴随着无尽的困惑。

1. 开始还是不开始

大学生活青涩与成熟并存，这里不仅有学术的探求，还有感情的涌动。走在校园的林荫道上，看着身边的情侣们共享甜蜜时光，你是否也会心生疑虑："我是不是该开始一段恋爱呢？"选择的困惑是每一个年轻人都会遇到的，但对于大学生来说，这个问题显得尤为突出。

你的朋友们或许都已经在恋爱的花海中遨游，而你的爱情之船还未起航。这时候，你可能会自问："我是不是不够有魅力？干脆随便找一个算了！"但在真正的爱情来临之前，草率的决定只会让你和对方都感到痛苦。被动选择并非解决之道。既然还没有遇到那个让你心动的人，不如把焦点放在自身成长上。爱情并不是为了填补孤独，而是为了共享美好。

2. 表白还是不表白

你可能早已被某个人吸引，但心中又不确定对方是否对自己有意。这时，表白的冲动和害怕被拒绝的恐惧纠缠在一起，让你左右为难。古往今来，几乎每一个人都曾经历这样的困惑。那么，该如何处理这种心情呢？

对于这样的情况，首先要做的是仔细观察对方。有没有什么迹象表明对方对你有好感？有时候，一个微笑或者一点点的关注就能说明问题。如果你发现对方对你也有意，可以适时地表露善意。如果不能确定，就先从友情开始，不要急于表白。表白是一件需要勇气的事情，但它也是一份对自己情感的验证。你要相信，有时候勇敢地迈出，即使失败了，也未必是坏事，至少你解除了一份心中的疑惑。

3. 拒绝还是不拒绝

当他人向你表白，而你却没有同样的感情，这时候要怎么处理呢？面对这样的情况，礼貌和真诚是必不可少的。委婉地拒绝可以保护对方的自尊心，但如果对方进一步追求，你又无论如何不能接受，那就要明确表示拒绝，不要让对方误解。

很多时候，我们会因为害怕伤害对方，或为了自己的虚荣心而勉强接受对方的爱。这样做不仅是对对方的不尊重，对自己也是一种伤害。爱情是两个人的事情，没有感情基础的恋爱无法长久。拒绝的艺术在于真诚和体贴，给对方一个合适的解释，是对彼此最好的方式。

4. 分手还是不分手

恋爱初期的甜蜜往往让人沉浸其中，但随着时间的推移，双方的缺点和不足会逐渐显现出来。当你发现对方和最开始的样子不一样时，是该继续还是分手？

爱情不能强求。当你发现对方向你展示的不是真实的一面，或者双方确实不合适，分手未必是坏事，关键在于如何表达。最好是让对方有一定的思想准备，如用一些暗示性的语言表明你们两人不合适。提前铺垫可以在分手时减少对方的伤害。此外，要明确爱情的本质是互相理解和包容，如果这些都无法做到，那不如解除这段关系，让彼此找到真正的幸福。

（二）单相思

单相思，顾名思义，就是一种单方面的爱情。对大学生来说，这种感情有几个典型的表现：羞于表白，很多大学生因为害怕被拒绝，或者担心失去现有的友谊，会选择默默喜欢对方。这也是最常见的单相思类型。涉世未深，心中起初的那份羞涩和胆怯，总是让人不敢迈出那关键的一步。拒绝后不死心，这一类同学虽然勇敢地向对方表白，但会被拒绝。然而，心中的火焰依旧不灭，甚至是不顾一切地继续追求。这往往让自己陷入反复的痛苦中。误读信号，这类情况是因为太敏感，对对方的每一个举动都过度解读，心中幻想着似有若无的爱情。可能一句无心的关心，就会让自己沉浸在甜蜜的幻想中，难以自拔。

1.单相思的原因

形成单相思的原因多种多样，但总结起来，主要有以下几种：

（1）敏感、爱幻想

很多同学在恋爱这件事上格外敏感，容易过度解读对方的一言一行。对方可能只是一次简单的帮助，就可能被误认为是"暗示"。这种过度幻想往往把自己推向一个虚拟的幸福世界，忽略现实的无情。

（2）过于害羞、胆怯

初涉爱河，害羞和胆怯在所难免。害怕被拒绝的阴霾常常笼罩在心头，很多人宁愿选择默默喜欢，也不敢和对方摊牌。有的同学担心，表白失败连朋友都做不成，索性选择沉默。

（3）对方的信息模糊

有时候，对方的行为方式带有莫名其妙的含糊，或是自己"脑补"了一些过度解读。这些都可能让暗恋变得更加扑朔迷离。

长时间的单相思对于我们的心理健康并无益处。它可能会导致我们精神不振、注意力分散，甚至影响学业。更重要的是，有时候这种暗恋还会给对方带来困扰，影响他们的正常生活。在极端情况下，单相思可能会演变成一种执念，甚至带来难以预料的后果。

2.走出单相思困境的策略

面对单相思，我们并非束手无策。这里有一些策略帮助你走出这段感情的迷雾：

（1）勇敢表白

即便害怕被拒绝，表白也是一种解脱和释放。如果对方接受，那自然是皆大欢喜；如果对方拒绝，我们也能早日明白真相，不再陷于无尽的幻想中。

（2）客观分析

当我们对一个人产生强烈感情时，应该冷静一下，分析对方的言行举止，搞清楚对方对自己的态度。不要独自揣摩，尽量客观地判断对方的反应。

（3）提升个人修养

克服单相思困扰的根本在于提升自己的修养和心理素质，让感情不那么容易波动。培养健康的人格和坚定的意志力，学会理性对待感情问题。

（4）转移注意力

把时间和精力投入到其他活动中，如参加集体活动、体育锻炼等，可以有效地转移自己的情感注意力。运动不仅能消耗多余的精力，还能让心情愉悦，焕发新的生机。

（5）避免触景生情

如果在某个环境下总是让你想起对方，不妨尝试转换一下环境，给自己一个新的开始。新的环境、新的朋友，会带来新的希望。

（6）寻求心理辅导

有时，单相思的困扰可能会严重影响我们的心理健康。如果真觉得难以承受，不妨寻求心理辅导，得到专业的帮助。

（三）失恋

大多数大学生在恋爱时，是充满热情和梦想的。大学阶段不仅是学业上的黄金时期，也是情感的萌芽期。然而，失恋也是大学生活的一部分，它是不期而至、令人心碎的经历，许多同学可能会感到措手不及。

1. 失恋可能带来的负面情绪

首先，得承认一点：失恋是痛苦的。一段关系的结束不仅剥夺了你曾经的伴侣，还带走了无数美好的回忆和未来的憧憬。在失恋后，你可能会感受到以下几种心理状态：

（1）自卑和自我怀疑

失恋常常会让人对自己产生极大的怀疑，特别是当你在热恋中投入了大量的情感和时间。你可能会怀疑自己的吸引力不够、性格有问题，甚至怀疑自己根本不值得被爱，形成一种深深的自卑感。

（2）极度悲伤和绝望

失恋后的悲伤几乎是每一个失恋者都要经历的阶段。你会一遍又一遍地咀嚼那些温馨的回忆，越发觉得此刻的生活失去了意义。甚至，有些人可能会发誓再也不相信爱情，对爱情彻底绝望。

（3）愤怒和报复心理

有时候，失恋带来的不仅是消沉，还有愤怒。一些人可能会将分手的原因完全归咎于对方，甚至产生报复的念头。当一方存在不道德行为或恋爱过程中遭遇他人阻挠时，这种情绪尤为明显。

（4）自杀意念

值得关注的是，失恋的痛苦有时候会让人走上极端的道路，比如自杀。对于部分失恋者来说，这似乎是摆脱痛苦的唯一出路。

2.失恋的调适

（1）接受现实，从痛苦中站起来

首先要做的是接受失恋的事实。失恋的痛苦源于这个"恋"字。当热恋的双方失去平衡，一方选择离开，爱再深都变得不现实，因为爱情是相互的。失恋后的失落感和无助感充斥着我们的生活，对于那些恋爱依赖度高的同学来说，这种感觉尤为强烈。

回想起那段甜蜜的日子也许会让我们更加痛苦，但正是这样，我们才更需要站在对方的立场上，理解对方决定终止关系的原因。换位思考，不仅能帮助我们接受失恋的现实，也有助于恢复心理平衡。"塞翁失马，焉知非福。"失恋也许是进入新生活的开端。

（2）调整认知，重拾自信

失恋往往让我们变得自卑，怀疑自己的人际吸引力和爱人的能力。面对这种消极情绪，我们需要调整自身的认知。积极运用心理防御机制，如"酸葡萄效应"，把自己从对失去的美好回忆中拉回来，回望前任的缺点，这样做会缓解自我否定的情绪。

与此同时，可以采用"甜柠檬效应"，列出自己的优点和长处，重新建立自信。相信自己拥有许多优点，不怕找不到更适合的伴侣，这能极大地缓解失恋带来的痛苦。

（3）宣泄情绪，找到释放的出口

失恋带来的情绪如果得不到及时的宣泄，会对身心健康产生不利影响。在失恋时，千万不要压抑自己的情感，学会释放情绪。例如，眼泪就是最好的宣泄途径之一，无论你是男生还是女生，大哭一场都可以缓解情绪。此外，运动也是一种极好的方式，通过高强度的体育活动，释放身体和心理上的能量，感受到生命的活力。做喜欢的事情也是缓解压力的好方法。把自己置身于欢乐的环境中，多交朋友，多参加娱乐活动，甚至可以去旅游散心，这些都能扩大你的生活视野，逐渐摆脱失恋的阴霾。倾诉也是一种不错的方法，找亲朋好友聊聊，寻找心理咨询的帮助，都能在疏导情感上起到很好的效果。同时，可以把内心的感受写成日记，倾诉纸笔也是一种情感表达方式。

（4）转移注意力，重新开始

转移注意力是恢复心理健康的有效方法之一。不妨通过环境的转移或者感情的转移来改变心境。失恋后，可以考虑换个地方，暂时远离那些会勾起痛苦回忆的地方、人物和景象，主动置身于新的集体活动或自然环境中，让心灵得到放松。

此外，把精力和时间投入到自己感兴趣的事情上，如学习、工作或者某项爱好。专心理性地处理问题，把失恋的痛苦转化为动力，在新的追求中找到价值感，这不仅能摆脱失恋的阴霾，还能在更高的层次上获得自我实现和满足感。

（5）升华情感，化悲痛为动力

升华是心理学中非常重要的一种调适方式，把原本压抑或不符合社会需求的情感转化为符合社会需求的行为。德国著名作家歌德在失恋后，充满激情地写出了《少年维特之烦恼》，他的悲痛被转化为文学杰作，为世界文学史添加了一笔宝贵的财富。

大学生在情感遭受打击时，也可以通过类似的方法，把情感和痛苦转化为对事业的追求和对生活的热爱。失恋虽然痛苦，但不要因此失去对生活的热情和追求。把这份感情放到更高层次的追求中，弥补心灵的创伤，重新燃起对理想和事业的激情。

让生活更美满：学会如何正确恋爱

在大学校园的美丽时光中，恋爱就像是一杯甜甜的奶茶，不但可以温暖我们的心灵，还能为忙碌的学习生活增添一份浪漫。然而，恋爱是一门需要认真学习的课程，需要我们用正确的心态去对待。

一、提升爱的素养

（一）学会自爱

美好的爱情如同和谐的交响乐，但在共同演绎之前，每位演奏者都需精通独奏。换言之，在深爱他人之前，首要之务是学会自爱，构筑起健康、独立的自我。自爱，并非自私自利，而是对自己的欣赏、尊重与珍视。有这样一个比喻：若你原是一棵结满甜美李子的树，却因恋人偏好苹果而试图变身，最终只会失去自我，难以以真我之姿与恋人相依。这警示我们，若将恋人的认同视为自我价值的唯一标尺，便会在他人的期待中迷失真我。

那么，如何实践自爱呢？

1. 确立自我价值感

每个人都是独一无二的，拥有无尽的成长潜力与宝贵资源。我们应当发掘并珍视这份独特性，利用自身资源激发潜能，建立坚实的自信。唯有如此，才能在恋爱中保持独立与平等，共享真挚的爱情。

在成长旅程中，若个人的认可、爱与尊重的需求未得到满足，便可能形成低自我价值感，进而在恋爱中寻求外在的认可与肯定，陷入动机不纯的误区。因此，大学生需客观审视自我，明确自身的优点与不足，坚信自己的价值与能力，从而在恋爱中保持清醒，避免盲目追求他人的认可。

2. 自我尊重

爱情偶像剧中的某些错误观念或许会误导大学生，使他们误认为新潮、不计后果的恋爱方式即为真谛。然而，真正的爱情需要双方的尊重与珍惜。在恋爱中，我们应珍视自己，无论情感如何起伏，都要坚守原则，不为爱情而放纵自我。

3. 勇于承担责任

恋爱中的情感波动与性冲动是自然现象，但需以理性与责任为基。部分同学试图通过性行为来稳固关系或寻求自我价值感，这实则是对自己与对方的不负责。我们应坚信自己的价值，不将安全感过度寄托于性行为之上，学会在恋爱中对自己和对方负责。

（二）掌握爱的表达方式

爱是一种能力，也是一种艺术。当我们真正爱上一个人时，如何用恰当的方式表达这份爱意呢？

1. 细腻入微，了解对方的需求

在表达爱慕之情前，我们需要先了解对方的性格特点、兴趣爱好以及他/她对爱情的期待。只有这样，我们才能找到最适合对方的表达方式，让爱意更加准确地传入对方的心田。

2. 循序渐进，尊重对方的感受

表达爱意需要耐心和细心。我们可以从日常的点滴做起，通过关心对方的生活、倾听对方的心声来逐渐拉近彼此的距离。当感情逐渐升温时，再适时地表达自己的爱意。这样的表达方式既不会给对方造成压力，又能让对方感受到我们的真诚与用心。

3. 勇敢示爱，珍惜每一次机会

当然，在合适的时机和场合下，我们也要勇敢地表达自己的爱意。不要害怕失败或拒绝，因为每次尝试都是一次成长的机会。即使结果不如我们所愿，也要坦然接受并珍惜这段经历。因为在这个过程中，我们学会了如何更好地去爱和被爱。

（三）爱的理性审视

在爱情的海洋里，我们首先要学会的是理性接受爱的能力。这不仅仅是对他人的尊重，更是对自我情感的负责。面对他人的表白，我们应清晰地区分好感、友情与爱情，确保自己的情感航向正确无误。

1. 辨识真爱的轮廓

在校园生活中，对同学产生好感是人之常情。但重要的是，我们要能辨别这份情感是否超越了简单的欣赏与喜欢，升华为爱情。真正的爱情，不仅仅是心动的瞬间，更是彼此理解、支持与成长的过程。因此，在踏入爱情之前，请务必三思而后行，避免将友情误认为是爱情，从而陷入不必要的情感纠葛。

2. 等待与自我提升

在寻找真爱的过程中，我们或许会遭遇种种等待与挑战。但请记住，真正的幸福从不会急于求成。在等待那个对的人出现的同时，不妨将这段时光用于自我提升。我们可以通过阅读书籍、参与社团活动、培养兴趣爱好等方式，不断丰富自己的内心世界，提升自己的综合素质。相信在未来的某一天，当你以最好的状态出现在他面前时，那份真正的爱情自然而至。

3. 勇敢接受爱的勇气

当那个让你心动的人终于向你表白时，如果他／她也正是你心仪的对象，请不要犹豫，勇敢地接受这份爱意。爱情需要双方的共同努力与付出，只有勇敢地迈出第一步，才能共同书写属于你们的甜蜜篇章。

成长链接 ▶

恋爱的 10 条黄金法则

1. 理性对待爱情

有的大学生自我价值感较低，当别人对自己好时，很容易就会开始一段感情，而没有机会真正了解对方。初识时要保持头脑清醒，不要被爱情冲昏了头。恋爱并不是强求对方满足你所有的需求，而是两人互相成长、相互包容的过程。

2. 不要急于发展关系

爱情如炖汤，需要时间慢慢煲。关系进展过快反而会削弱彼此的信任。避免让爱情急速发展，忽视恋爱中的相识、相知、恒爱、信任、支持等阶段。

3. 谨慎透露个人隐私

在恋爱的初期，过早地向对方倾诉自己的所有经历和痛苦，可能会让对方感到压力，也容易失去对方的尊重。每个人都有自己的秘密，在信任感建立后再逐渐分享，不要勉强。

4. 保持各自的自由空间

爱情不会因为经常在一起就能保鲜，就像呼吸需要空气，爱情也需要适度的空间。不要剥夺对方的自由和独立，要给彼此留出空间，保持对对方的尊重和理解。

5. 不要强迫对方

爱情是两个人自愿的结合，而不是互相控制。不要强迫对方做不愿意做的事情，要保持理解和接纳的态度，学会在不损害对方利益的情况下找到双赢的解决方案。

6. 保持应有的尊重

即使恋情已经相当稳定，也不能因此而态度敷衍。始终如一地尊重和支持对方，继续努力维护和提升这段关系，才是长久幸福的关键。

7. 不只关注外表

初次见面时，外表容易让人倾心，但随着相处时间的增加，忠诚、善良、乐观等内在品质才更为重要。懂得欣赏对方的内在美，避免只因为对方的外表而恋爱。

8. 了解对方的人际关系

去拜访对方的家人和朋友，观察对方与他们的相处模式。良好的人际关系预示着未来生活的稳定和幸福。若对方只有对你好而对别人不好，须非常警惕，这可能是危险的信号。

9. 不要忽视婚前准备

当你们开始讨论婚嫁问题时，不要只渴望浪漫的婚礼。理性地沟通婚后的生活安排，如金钱管理、双方父母的态度、未来的家庭责任分配等。提前做好准备，可以减少很多婚后的困扰。

10. 理解婚前焦虑

婚前即使有焦虑情绪，也要相互理解和支持。不要逼迫自己或对方，要留出空间给彼此，或者寻求专业的婚姻心理辅导。婚前的冷静思考不仅是对感情负责，更是成熟的表现。

（四）恰当拒绝

1. 拒绝的艺术：温柔而坚定

并非所有的表白都能得到正面的回应。当面对自己并不心仪的表白者时，我们需要学会恰当地拒绝。拒绝并不意味着伤害，关键在于我们的态度与方式。我们要用委婉而坚定的语言表达自己的立场，同时给予对方足够的尊重与感谢。这样不仅能保护对方的自尊心，还能让对方在失落中感受到一丝温暖与理解。

2. 选择合适的时间与地点

在拒绝他人时，选择合适的时间与地点至关重要。一个阳光明媚的上午或中午，在较为公开的环境中表达拒绝，可以有效避免给对方带来过大的心理压力与负面情绪。同时，这样的环境也更有利于双方保持冷静。

3. 避免暧昧不清

拒绝他人后，我们应明确自己的立场与态度，避免与对方保持暧昧关系或接受其他形式的"补偿"。任何模糊不清的行为都可能被对方误解为接受信号，从而给双方带来更大的困扰与伤害。因此，请务必在拒绝时保持清醒与果断。

二、深化爱的维系能力

随着恋爱初期的激情逐渐减退，爱情的甜蜜与新鲜感渐渐淡去，恋人之间因个性差异引发的争执愈发频繁，不少人因此陷入"相爱容易，相守难"的迷茫。为何恋人之间会时而亲密无间，时而争执不休？如何能让爱情在时间的洗礼下愈发醇厚？

（一）寻求心灵契合

恋爱本质上是一场心灵的共鸣之旅。所谓心灵共鸣，即双方拥有相似的志向、兴趣与价值观，彼此的理想与信念能够相互契合。历史上不乏此类佳话，如周恩来与邓颖超，他们的爱情正是建立在共同的革命理想之上，书写了一段感人至深的红色传奇。唯有以心灵共鸣为基石的爱情，方能经受岁月的考验，而那些仅基于外貌、地位或金钱的爱情，往往难以抵御风雨的侵袭。

（二）拥抱差异，共同成长

家庭治疗大师萨提亚曾言："人们因相似而相聚，因不同而成长。"在爱情中，这种"相似"可视为心灵的契合，"不同"则是双方个性的独特展现。每段恋情都伴随着差异，关键在于我们能否接纳并尊重这些差异。正如一对恋人，男生钟情于足球的激情，女生则沉醉于音乐的旋律，初期或许能相互迁就，但久而久之，若不能正视差异，便可能引发矛盾。实际上，差异不应成为隔阂的根源，而应视为相互学习与成长的契机。通过以开放和欣赏的心态看待对方的不同，我们不仅能增进理解，还能在差异中汲取养分，促进彼此的成长。

（三）应对冲突，维护和谐

恋爱中的冲突难以避免，它是双方关系深化的催化剂，也是考验彼此智慧与成熟度的试金石。面对冲突，若被情绪控制，采取争吵或冷漠的态度，只会加大裂痕，让爱情蒙尘。理性化解冲突的关键在于：

1.正视冲突：冲突往往源于对彼此的在意与期待，是双方希望关系更加和谐美好的体现。因此，应视冲突为解决问题的契机，而非破坏关系的元凶。

2.有效沟通：在冲突发生时，保持冷静，通过坦诚而富有同理心的沟通，了解对方的真实想法与感受，寻找双方都能接受的解决方案。

3.学会妥协：在尊重彼此差异的基础上，适时地做出妥协与让步，是维系爱情和谐的重要法则。记住，爱情不是一场零和博弈，而是双方共同努力的结果。

三、增强责任意识

爱情中蕴含的责任，是恋人间内心自发形成的一种认知，是情感表达与实际行动的结合体。真挚的爱情，是将情感与责任紧密相连的，它要求双方不仅要有携手共度人生风雨的坚定信念，还需具备坚韧不拔的勇气。这既包含了在顺境中共享欢乐的甜蜜，也涵盖了在逆境中相互扶持、不离不弃的深情厚谊，以及为对方幸福甘愿付出的无私精神。

（一）树立正确的恋爱观念

恋爱中的个体，在享受爱情带来的权利的同时，也肩负着相应的责任与义务。仅仅追求恋爱过程中的愉悦，而忽视对恋爱结果的考量，实际上是对爱情责任感的忽视。正如苏霍姆林斯基所言，爱情的本质在于对伴侣未来命运的共同承担。那些将爱情视为游戏，企图从中寻求短暂快乐的人，终将失去爱情的真正意义。

在恋爱中，奉献是首要的原则。它要求我们将自己的情感与力量无私地给予对方，致力于为对方创造幸福。同时，我们也要对自己负责，保持自尊自爱，避免将爱情作为排解寂寞或满足私欲的工具。面对挫折与挑战时，我们应展现出坚韧与成长，相信自己值得拥有更加美好的爱情。

此外，对伴侣的责任感同样重要。我们应关心、尊重并欣赏对方的优点，包容其不足，维护其人格独立。在享受爱情带来的甜蜜时，也要勇于为对方付出，共同分担生活的压力与痛苦。

当步入婚姻的殿堂后，双方更需学会经营这段关系。面对分手的可能性时，我们应保持尊重与理解，认识到每个人都有选择爱与被爱的权利。在任何情况下，都不应以言语或行为伤害对方，展现出自己高尚的人格魅力。

（二）遵循恋爱道德准则

恋爱作为一种特殊的社会交往形式，其发展与演变均受到社会规范与道德准则的制约。大学生作为社会的一员，应树立正确的恋爱观念，遵守恋爱道德准则，以健康、理性的态度面对恋爱关系。

在恋爱过程中，尊重与理解是维系双方情感的重要基石。我们应尊重对方的情感与意愿，避免做出以自我为中心的行为。爱情的道德原则在于奉献与利他而非占有与利己。双方应自尊自爱、平等相待，在相互欣赏与包容中共同成长。

同时，恋爱中的言谈举止也应文雅得体。双方应保持及时有效的沟通与交流，在亲昵行为上掌握分寸，避免引起对方反感。通过思想、知识、兴趣等方面的深入交流来增进感情是更为可取的方式。

此外，我们还应学会控制恋爱中的情感波动，避免过度投入而影响理智判断。加强道德修养与自我约束能力对于预防不良恋爱行为的发生具有重要意义。正如莎士比亚所言"爱情如火需冷静"，我们应学会在热恋中保持理智与冷静以维护恋爱的健康发展。

（三）平衡恋爱与学业的关系

大学是人生中的宝贵时期，也是积累知识、培养能力的关键阶段。虽然恋爱在大学生活中占有重要地位，但它并非生活的全部。为了真正实现个人价值并为未来奠定坚实基础，我们需要正确处理好恋爱与学业之间的关系。

过度沉迷于恋爱而忽视学业将严重影响个人的成长与发展，甚至可能对其他同学造成不良影响。因此，我们需要对恋爱有一个清晰准确的定位，将其视为大学生活中的一部分而非全部。在享受恋爱带来的甜蜜与幸福时，也要保持对学业的关注与投入，努力提升自己的综合素质与能力。

鲁迅先生曾告诫年轻人不要盲目追求爱情而忽视其他人生道义。对于大学生而言，学习知识、锻炼能力与完善人格才是大学生活的核心任务，也是未来人生理想与爱情美满的重要基石。因此我们应珍惜大学时光，努力学好专业知识，拓宽视野，为未来的求职就业与人生发展打下坚实的基础。

四、守护爱的誓约

回望往昔，恋人们常在花前月下许下永恒的誓言，但岁月悠悠，多少爱意能经受住时间的考验？真正的爱情，是根植于心底的庄重誓约，超越了瞬间的冲动与短暂的热烈，是岁月沉淀下依旧坚定的守候。这份誓约，如同真爱的试金石，考验着每一段情感的纯粹与坚韧。那么，在恋爱的旅途中，我们该如何立下誓约？又如何让这些誓约从言语化为行动呢？

（一）爱情誓约的成长轨迹

依据美国人际关系专家芭芭拉·安吉丽思博士的理论，恋情发展常伴随四个关键阶段，每个阶段都伴随着相应的誓约建立。结合我国文化背景与大学生心理特征，大学生恋爱中的誓约构建可概括如下：

1. 情感专属：恋爱之初，双方需确立彼此关系的唯一性，承诺忠诚与专一。这是爱情大厦的基石，唯有如此，情感方能稳固前行。

2. 深化伴侣意识：随着交往的深入，双方需进一步确认彼此的独特价值，愿携手成为亲密伴侣。这要求双方认同彼此的与众不同，共绘未来蓝图，并勇于面对与克服各种挑战。

3. 规划共同未来：当感情步入稳定，双方应共同展望并规划未来生活，明确共度余生的决心。大学生可给予彼此足够的时间，深化了解，待时机成熟，再许下共度余生的承诺。

4. 相守一生的誓约：历经风雨，双方确认彼此为终身伴侣，无论顺境、逆境，皆不离不弃。此时，双方应达成走入婚姻、携手白头的共识，让爱情之树结出幸福的果实。

（二）践行誓约的路径

1. 基于现实的诚挚承诺：爱情虽美好，但承诺需脚踏实地。双方应基于相互了解与尊重，许下可实现的诺言，而非空洞的甜言蜜语。

2. 增进理解，情感共鸣：承诺的实现离不开双方的共同努力。建立有效的沟通渠道，深化信任基础，同时倾注真挚情感，使爱情在双方的共同呵护下茁壮成长。

3. 言行合一，付诸实践：承诺不应是空谈，而应转化为实际行动。面对承诺，双方需保持理性与慎重，确保每一句誓言都能成为照亮彼此未来的灯塔。在携手前行的过程中，双方应相互包容、理解与支持，共同面对生活的风雨与挑战。

值得注意的是，承诺并非一成不变，它随着双方关系的发展而不断调整与完善。当发现彼此不再合适或情感已逝时，勇敢地解除承诺，既是对自己的尊重，也是对对方的负责。在爱的世界里，放手有时也是一种深沉的爱。

谈性不必色变：性心理发展与认知

一、性心理的发展阶段

每当提到青春期，我们脑海里总会浮现出荷尔蒙爆棚的画面。青春是美好的，激荡着我们的情感，充斥着冒险的欲望和未知的探索。对于青少年而言，这个阶段的性心理发展尤为重要，它不仅影响他们的个体成长，还深刻地关系到他们未来的情感生活。

（一）疏远异性期

让我们先穿越回12~14岁，这个阶段通常被称为"疏远异性期"。还记得那个时候，我们开始意识到身体的变化，变得不再那么无忧无虑。男孩的声音变得低沉，女孩开始有了月经，这些生理变化让我们感到害羞和不安。以前可以一起玩耍的小伙伴，现在变得尴尬无比。

在学校里，男女同学的界限变得明显。男生害怕和女生靠得太近会被起哄，女生也尽量避免和男生接触，生怕引来不必要的关注。这个阶段的性意识虽然萌芽，却伴随着不确定和神秘感。其实，这种对异性的回避和好奇，正是为下一步的性心理发展做铺垫。

（二）接近异性期

14~16岁，我们进入了"接近异性期"。这个时期的我们对异性的关注变得明显，好奇心驱使着我们去了解、去接触。这时候的情感大多是好奇和试探性的，或许很傻很天真，但谁不是这样过来的呢？

这个阶段，少男少女们喜欢对对方表达好感，有时会模仿小说、电影中的情节，想象自己也能经历一场轰轰烈烈的爱情。但大多时候，这些情感只是浅层次的，对具象化的爱情还没有准备。

（二）向往异性期

16~18岁，我们进入了"向往异性期"。此时，我们对异性的好感不仅是好奇，更带有强烈的情感成分。

这个阶段，我们已经有了比较成熟的生理功能，但心理上的道德观和恋爱观还在形成过程中。我们会渴望和异性有更多的接触，表达情感的方式更多样，也更加主动。然而，这种情感的表达需要在正确的引导下进行，否则很容易出现越轨行为和不正当的交往关系。

（四）恋爱期

18岁以后，我们迈上了"恋爱期"的旅程。这时，我们的身心已经比较成熟，社交活动开始丰富多彩，恋爱的情感逐渐丰满起来。我们会受到小说、电影等媒体的影响，内心塑造"梦中情人"的形象，并在现实生活中寻找与之匹配的人。

在这个阶段，我们的恋爱不再是儿戏，而是与未来的婚姻、事业和家庭紧密相关。这种恋爱多了一份责任感，是对自由与承诺的平衡，是我们情感生活的重要转折点。

二、大学生性心理的发展特点

（一）性心理的本能与神秘

你可能已经发现，进入大学后，大家似乎对异性更感兴趣了，动不动路过某栋楼瞅一眼，或者看到队伍里的某个他/她心跳加速。

这其实是因为我们的身体和心理都在迅速成熟。别害羞，这都是自然的！我们的性心理，本质上源于生理发育带来的本能反应。虽然这个时期的我们会看起来对性非常好奇和渴望，但也许还缺乏足够的社会经验和责任感。你可以想象成我们都在探索一个新的、神秘的岛屿，充满了未知和新奇。

不过，社会环境也是推波助澜的一分子。越来越多的影视剧、小说、短视频在讨好我们的眼球，也在无形中放大了性对我们的吸引。这就是性心理为什么总是神秘感十足和让人魂牵梦绕的原因之一。

（二）性意识：强烈但文饰

这个阶段的我们，仿佛在内心悄悄种下了一棵树，这棵树叫什么？叫"性意识之树"。男女都会对同性或异性产生一丝好感，甚至开始关注自己在对方面前的表现。男生们往往表现得热烈和直接，而女生往往羞涩。

然而，这种强烈的情绪表达往往带有文饰性——也就是掩饰真情。或许你会在微信上与他/她聊得火热，但见面时，一句"你好"都令你脸红心跳。别怕，这些都是性意识在成长中的表现，我们都一样。

（三）性冲动与性压抑的冲突

大学期间的我们，性欲如同急速滋长的春笋，谁都想和喜欢的人来点甜蜜的互动。但由于我们的性心理还不成熟，这种欲望有时候会制造一些困惑和麻烦。你可能会觉得自己的欲望像超级英雄电影一样，充满戏剧张力。尽管如此，良好的性爱观和道德观往往还在萌芽中，自控力也时常掉链子。因此，有些同学在面对挑逗或者诱惑时，容易产生动荡和不安的情绪，甚至可能因此做出一些冲动的行为。

反过来说，有些人因为被压抑的性欲而产生困扰，表现可能更为隐秘。这种压抑可能导致多种心理障碍，如过度手淫、偷窥癖甚至恋物癖。性冲动和压抑共存的状况正是我们经历心理成长的一部分。别紧张，通过正确引导和学习，大家都能找到健康的平衡点。

（四）性心理的性别差异

最后一个特点：性心理的性别差异。没错，男生和女生的性心理确实存在显著不同。男生们多半对视觉刺激敏感，一张海报、一部电影可能就让他们心潮澎湃。而女生则比较容易受到听觉和触觉的刺激，比如收到甜言蜜语和温暖的拥抱时，总会有一种难以抵挡的甜蜜。

三、大学生性心理健康的标准

（一）性心理健康的内涵

性心理健康是指个体具有正常的性欲，能够正确认识和理解与性有关的问题，并且具有比较强的适应能力，能正确处理与异性交往中产生的问题，使自身免受性问题的困扰，同时还能提高自身的修养和文明程度，促进身心健康的全面发展。

设想一下，这就像是给你的心灵花园搭建坚实的围栏，使其免受外界风雨的侵袭，还可以让你自如地在花园中休憩、娱乐，同时，你的心灵花园更因为良好的维护和关爱而开出美丽的花朵。

（二）大学生性心理健康的标准

作为未来的社会中坚力量，大学生正处于性心理发展的关键阶段。这时掌握一些衡量标准，可以帮助大学生更好地成长和发展。

1.正确认识和接纳自己的性别

首先，一个性心理健康的人，是能够正确认识和接纳自己的性别的。这可不是说看镜子时告诉自己"我是男生"或"我是女生"那么简单，而是要对自己的性别角色有自尊感和自豪感。性别认同是自我认知的一个重要部分，不论是男生还是女生，都应该以积极的态度看待自己的性别和与之相关的角色。从容地做自己，这是迈向性心理健康的第一步！

2. 正常的性欲望

性欲望是我们获得性爱的基础和基本内驱力。每个人的性欲望都是自然的、正常的。一个性心理健康的人能够接纳和坦然面对自己的性欲望，知道如何得体、适当地应对这些感觉。设想一下，这就像我们小时候学会如何表达情绪一样，理解并掌握自己的性欲望，你会发现自己在这个领域更加自信从容。

3. 与同龄人的性心理发展水平相当

正如不同阶段的人的心理特征有所不同一样，不同年龄段的性心理特征也各有特点。如果一个人的性心理发展水平与大部分同龄人不相符，那么可能就存在一些问题。比如说，如果你的性心理发展远远落后于同龄人，可能会面临困惑；相反，如果你发育过于早熟，则可能会感到迷茫和不适应。适度的性心理发展水平如同一辆运行在合适轨道上的列车，使你能顺利到达下一站。

4. 较强的性适应能力

性适应是指个体的性活动能够与外界形成一种和谐的关系。简单来说，在感到性冲动时，知道如何排解和调控自己，使自己的性行为和性活动符合社会的性规范和要求。这不仅是一种适应，更是一种成熟的表现。

5. 与异性保持和谐的人际关系

最后，和谐的人际关系是性心理健康的一个重要标志。能够与异性保持正常、健康、和谐的交往，对于我们的社会生活和心理健康都有积极的作用。适应合适的交往模式和界限，有助于建立尊重和理解。但这并不意味着我们要刻意去讨好异性，而是要在自我和他人之间找到一个自然的相处之道。

理性思辨——审视大学生恋爱观的误区

活动宗旨

通过激烈的辩论交锋，促使大学生深入辨析恋爱中的理性与非理性认知，进而塑造健康、成熟的恋爱观念。

实施步骤

教师精心挑选并呈现十大恋爱观念议题，供学生们探讨。

1. 大学生活缺失爱情即意味着不完整；

2. 爱情是可通过不懈追求获得的，即努力与收获成正比；

3. 爱，无须任何解释与理由；

4. 基于相爱的性关系应被无条件接受；

5. 恋人形象完美无瑕，爱情地位至高无上；

6. 爱情既是命运的安排，也是心动的瞬间；

7. 重视恋爱瞬间的美好，而非长久的承诺；

8. 爱情的价值在于体验而非最终的归宿；

9. 爱情拥有改造伴侣的力量；

10. 失恋是生命中不可承受之重。

随后，根据对这些观念的支持程度，将全班划分为正反两方。正方为大多认同上述观点者，反方则持相反立场。辩论过程中，双方需充分阐述各自立场，引用实例，进行逻辑严密的论证。

辩论结束后，鼓励学生分享个人在辩论中的心路历程，以及他们针对上述十个恋爱观念的个人见解与态度。此环节旨在促进自我反思，加深对恋爱观的全面理解。

情感辨识量表：爱与喜欢

请深入思考，你能否清晰地区分"喜欢"与"爱情"之间的微妙差异？无论你当前是否正处于恋爱之中，都请基于个人感受或对未来爱情的憧憬，在以下选项中勾选出最符合你情况或想法的条目（如果符合，请在对应的选项里画上"√"，可多选）。

项目编号	项目描述	是否符合
1	当他 / 她心情低落时，我深感有责任去安慰并让他 / 她快乐起来	
2	我对他 / 她有着全面的信任，认为他 / 她在各种情况下都是可靠的	
3	我发现我可以轻松地忽视他 / 她的小错误或过失	
4	我愿意为他 / 她付出所有努力，无怨无悔	
5	对他 / 她，我隐约有着一种想要独占的情感	
6	想象无法与他 / 她共度时光，我内心会感到深深的失落与不幸	
7	在我感到孤独时，他 / 她是我最先想到寻求陪伴的人	
8	他 / 她的幸福与否，时刻牵动着我的心弦	
9	无论他 / 她做出什么决定或行为，我都倾向于给予理解和宽容	
10	我认为确保他 / 她的幸福与满足，是我个人责任的一部分	
11	与他 / 她相处时，我常常沉醉于凝视他 / 她的瞬间，忘却周围的一切	
12	若我能成为他 / 她完全信赖的人，那将是我莫大的幸福与满足	
13	设想没有他 / 她的生活，我感到难以想象，仿佛失去了生存的意义	
14	与他 / 她在一起时，我们仿佛心灵相通，共享着彼此的情绪与感受	
15	我对他 / 她持有高度评价，认为他 / 她是一个优秀的人	
16	我乐于向他 / 她人推荐他 / 她，认为他 / 她值得尊敬与认可	
17	在我眼中，他 / 她展现出了特别的成熟与稳重	
18	我对他 / 她充满信心，相信他 / 她的能力与判断	
19	我认为他 / 她与人相处融洽，给人留下良好的印象	

续表

项目编号	项目描述	是否符合
20	我时常感受到我们之间的相似之处，仿佛心有灵犀	
21	在团体或班级中，我愿意无条件地支持他/她，为他/她投票或助力	
22	我认为他/她在人群中脱颖而出，容易赢得他/她人的尊敬与敬仰	
23	我深信他/她拥有非凡的智慧与才能，是极其聪明的人	
24	在我所认识的人中，他/她是最受欢迎与喜爱的对象之一	
25	我渴望成为像他/她那样的人，学习他/她的优点与品质	
26	我认为他/她具有独特的魅力，能够轻松赢得他人的好感与喜爱	

结果解读

完成量表后，请根据你勾选"符合"的条目分布情况来解读你的情感倾向。

1. 爱情主导：如果你勾选"符合"的条目主要集中在第 1 项至第 13 项，这通常意味着你对该人的感情中"爱情"的成分较为显著。这些条目反映了你对他/她深厚的情感投入、高度的关注与关心以及强烈的情感依赖和责任感。你可能已经超越了简单的喜欢，进入了更深层次的情感联系，即爱情。

2. 喜欢为主：相反，如果你勾选"符合"的条目主要集中在第 14 项至第 26 项，这表明你对这个人的感情更多是基于喜欢或欣赏。这些条目体现了你对他/她的好感、认可、尊重以及愿意推荐和支持的态度，但可能尚未达到爱情的深度。你欣赏他/她的品质、才能和与人相处的方式，但尚未形成强烈的情感依赖或责任感。

3. 混合情感：值得注意的是，人们的情感往往不是纯粹的非黑即白，而是复杂多变的。因此，也有可能你在两个类别的条目中都有勾选，这表示你对这个人的感情既包含了喜欢的成分，也掺杂了爱情的元素。这种情况下，你可能需要进一步思考自己的情感状态，以更清晰地认识自己的内心。

请记住，这个量表只是一个参考工具，它不能替代专业的心理咨询或评估。如果你对自己的情感状态感到困惑或不确定，建议寻求专业人士的帮助和指导。

精彩"心"赏

《围城》

作为大学生，我们以朝气蓬勃和对未来充满期望的心态进入社会，《围城》这本书以其独特的爱情观和处世态度，给我们带来了深刻的启发。对于我们这些正在校园里探索爱情的年轻人来说，钱锺书的这部作品既是智慧的警句，也是情感的指引。

在《围城》中，爱情被描绘成一场"围城"战争，城外的人想进去，城里的人想出来。这种寓言式的描绘，给了我们一个深刻的提示：爱情并不是我们幻想中的完美乌托邦，而是充满了现实的矛盾和挑战。

书中的方鸿渐代表了许多大学生对于爱情的迷茫和犹豫。他追求唐晓芙，对她一见钟情，但他们的爱情因为种种误会和外部压力而夭折。之后，方鸿渐又和孙柔嘉结婚，但婚后的生活矛盾重重，日渐冷淡。这些情节让我们警醒，爱情不能仅靠冲动和幻念，它需要真诚的沟通和双方的付出。

另一个重要角色是鲍小姐，她的智慧和独立令人钦佩。但她对于爱情的处理方式也揭示了另一种现实：独立并不意味着可以轻视爱情中的付出和妥协。在大学阶段，我们往往崇尚个人自由和独立，但《围城》提醒我们，爱情是了解与陪伴，是共同面对生活的能力。

最后，《围城》也让我们思考，对于爱情，我们是否真的知道自己想要什么。钱锺书通过这些人物的爱情故事，揭示了爱情的复杂性和多面性。大学阶段是我们自我探索和成长的重要时期，我们需要在爱情中找到自我，了解自己的需求和底线，并且从每一段感情中学会成长。

《围城》不仅仅是一部爱情小说，更是一部关于生活、关于人性的反思之作。作为大学生，我们应以开放的心态去理解书中的每一个角色、每一个故事，并从中汲取智慧，真正学会在这座"围城"中找到自己，找到真正属于自己的爱情。

专题八　接受挑战　笑对压力

——大学生压力管理与挫折应对

课堂 在线

压力管理与活力释放互动体验营

活动宗旨

引导参与者深入探索并理解学习及日常生活中的压力源，同时培养有效应对压力的能力，并鼓励积极寻求帮助，以解决个人困扰。此外，通过丰富的互动环节，增进成员间的相互理解和支持，共同学习放松技巧，以有效缓解压力。

活动筹备

确保每位参与者拥有一份"压力探索手册"及书写工具，同时准备一些互动游戏所需的道具或卡片。

活动流程

1. 压力探索之旅

分组坐定后，每位成员都填写个人"压力地图"，详细描绘自己的压力源及感受。

小组内轮流分享，采用"压力接力"游戏：每位成员分享一项压力后，需邀请下一位成员继续，以此增强倾听与共鸣。

小组讨论，共同识别并总结小组内的共性压力与个性差异。

2. 匿名互助环

成员围成大圈，进行"压力漂流瓶"活动：每人写下当前最大的压力放入"漂流瓶"（即密封箱），随机抽取并公开内容。

"头脑风暴"环节：全体成员针对抽取出的压力问题，提出多种解决方案或支持建议。

"角色扮演"互动：选取几个典型压力案例，成员自愿或抽签扮演不同的角色，如提问者、支持者、观察者，通过模拟对话加深对压力处理策略的理解。

3. 心灵放松工作坊

播放放松音乐，教师引导进行深呼吸、肌肉放松等基础放松练习。

引入"伙伴按摩"或"压力释放操"等互动环节，成员两两配对，通过肢体接触或简单体操帮助对方放松身心。

"心灵画廊"：提供画纸和彩笔，让成员自由创作表达压力感受或放松愿景的画作，之后分享创作背后的故事和感受。

4. 反馈与总结

成员围坐在一起，分享参与活动的感受、学到的新知识或技能，以及未来面对压力时的打算。

教师总结活动亮点，强调团队合作、积极沟通和寻求帮助的重要性，鼓励成员将所学应用到日常生活中。

通过以上互动环节的设计，本次活动不仅能帮助成员认识并处理压力，还能在轻松愉快的氛围中增进彼此间的了解和支持，共同营造一个更加健康、积极的学习与生活环境。

模块一

拥抱美好生活：压力管理基础

能量包 ▼

初入大学的李悦，基于个人兴趣，加入了街舞社团。然而，不久她便察觉到社团管理松散，活动匮乏，成员积极性低，团长亦未尽其责。凭借卓越的舞蹈才华，大二时，李悦被推选为新团长，肩负起振兴社团的重任。接手之际，她面临双重挑战：社团历史遗留的认可度低问题，以及财务拮据的困境。

正当李悦着手改革之际，学校下达了任务，要求街舞社团在迎新晚会上献艺，这无疑是提升社团知名度的一个机会。她全力以赴，但在筹备过程中遭遇重重困难：团员舞蹈基础参差不齐，缺乏专业编舞人才，时间紧迫之下，仅能筛选少数成员参与排练。遗憾的是，晚会表演状况百出，如舞步与音乐脱节、节奏错乱等，严重影响了演出质量，导致社团成员进一步流失。

面对这一连串的挫折,李悦深感挫败与焦虑,情绪跌至谷底,甚至影响到日常学习,她整日心绪不宁,烦躁不已。

【扬帆起航】为了走出困境,李悦首先需要调整心态,认识到失败是成长的必经之路。她可以:

自我反思:深入分析失败原因,从组织管理、成员培训、活动策划等多方面寻找改进空间。

增强沟通:主动与团员交流,了解他们的想法和需求,增强团队凝聚力,同时招募新成员,补充新鲜血液。

寻求支持:向学校相关部门或指导老师寻求资源和指导,争取经费支持,改善训练条件。

制订计划:明确社团发展目标,制订详细可行的活动计划,包括定期训练、内部比赛、外部交流等,逐步提升社团实力。

提升自我:加强个人舞蹈技能及管理能力的学习,成为社团的引领者和榜样。

通过这些努力,李悦有望带领街舞社团走出低谷,重新焕发生机与活力。

一、压力的定义

压力,这个词汇听上去很"压人",似乎和我们日常生活中的愉快感背道而驰。压力其实是我们生命中的常客。如果把它比喻成一个小伙伴的话,它有时候周身充满了负能量,但在某些时刻,它能成为推动我们前进的动力之源。

"压力"这个概念最早出现在物理学中,是用来描述物体在外力作用下的内部反应。后来,这个概念逐渐被引入心理学和生理学领域。在心理学中,压力通常被描述为一种由外部事件或内部因素引发的紧张状态,随着我们躯体机能及心理活动而改变。压力就是当我们面对挑战、威胁或变动时所产生的一种心理和生理的"组合拳"反应。

加拿大生理学家汉斯·塞尔耶(Hans Selye)在1936年提出了压力的概念。他认为压力是身体或生理上的反应,而引起这种反应的原因被称为压力源。压力源可以是任何事情:从日常琐事到重大变故,从高强度学习到人际关系冲突,从经济压力到健康问题……不论来源如何,压力的反应几乎都是一致的:心跳加快、呼吸急促、肌肉紧张、分泌更多的肾上腺素等,就像是启动了身体的"应急按钮"。

作为一名高职学生,你的压力来源可能五花八门。学习成绩、就业前景、社交关系、经济负担、家庭矛盾甚至身体健康等,它们会单独或者组合起来对你"施加压力"。有的人可能在考试临近时手心出汗、失眠，有的人可能在家庭和个人目标冲突时感到焦虑难耐。这些就都是压力在作祟。美国心理学协会的一项调查显示，超过40%的大学生报告说自己经常感到压力过大。看来，压力这个"小伙伴"真的是无处不在。

二、压力的来源及表现

（一）压力源

从你早上睁开眼睛的那一刻起，压力就展开了它无形的触手，有时温柔，有时粗暴。让我们一起来拆解这些"触手"，看看它们都来自哪里。

1. 生理因素

我们首先面对的是身体带来的压力。你感觉醒来时全身无力、食不知味，甚至常常半夜醒来，无法再入眠。这些就是生理因素带来的压力。饥饿、疾病、失眠、疲劳，这些状况不仅折磨你的身体，还会悄悄侵蚀你的意志力。像进入青春期这样的生理变动，也是重要的压力源。

2. 心理因素

焦虑、孤独、无助，都属于心理因素带来的压力。考试前的大脑运转过速，似乎每一道题目都像未解的密码；失恋后的心碎感仿佛空气都变重了；孤独地走在校园里，觉得所有人都不理解你……这些心灵的小怪兽如果得不到及时应对，会让你慢慢陷入压力的深渊。

3. 环境因素

有谁能在炎热的夏天高效学习？环境因素同样会成为重大压力源。寒冷、噪声、空气污染等，这些无法控制的外部条件，可能打乱你的计划。特别是当生活环境发生改变，如搬到一个陌生的城市，就读新的学校，适应新的生活节奏时，压力更是无形地叠加在你的肩头。

4. 重大生活事件

请想象一下，坐在旋转木马上突然速度加快，有的人觉得刺激，有的人则感到晕眩难耐。人生中的重大变化，如搬家、毕业、恋爱或失恋、结婚或离婚等，都是巨大的压力源。时而还包括亲友的去世，这对生活轨迹产生了重大影响，可以瞬间将快乐、平静的生活打乱。

（二）压力的表现

了解了压力从哪里来，我们再看看压力是如何表现出来的。

1. 情绪症状

你有没有突然觉得愤怒，甚至对朋友发火？还是整天郁郁寡欢，觉得生活毫无希望？这都是压力在你的情绪上留下的痕迹。精神紧张、烦恼、情绪失控都是压力的典型表现。有时，你会感觉所有事情都不顺利，甚至产生攻击性或自我贬低的负面情绪。

2. 认知症状

记得那个突然脑子一片空白的瞬间吗？面对试卷，你工作的大脑像是天气预报屏幕一样突然掉线，这就是压力对认知的影响。注意力不集中，记忆力下降，思维阻塞，这些都是常见的压力产物。这种状况会让你对自己的学习能力产生怀疑，进一步加重压力感。

3. 行为症状

压力折磨到一定程度，行为也会随之改变。有的人可能会积极应对，迎难而上，而更多的人会做出消极反应。你可能会发现自己对事物提不起兴趣，办事拖拉，经常对学习和生活失去热情。不愿与人交流，宁愿独自发呆，甚至封闭自己，这些都是困在压力网中的信号。而借酒浇愁、吸烟上瘾等行为，更是逃避压力的方法。

4. 生理症状

当然，压力不仅是心理和行为上的问题。你的身体也会发出警告。心跳加速、血压上升、呼吸急促都是压力的生理反应。长期压力甚至可能导致免疫力下降，让你更容易生病。肌肉紧张、消化不良、睡眠障碍更是家常便饭。

三、大学生常见的压力

（一）经济压力

还记得刚来大学报道的第一天吗？稚嫩的脸庞上写满了兴奋和期待。然而，生活中的琐事渐渐将这份兴奋击退。首先是经济压力。在这个高速发展的社会，学费和生活费的上涨几乎成了常态。对于那些家庭条件不太理想的同学，他们不得不依赖助学贷款、助学金、奖学金以及勤工俭学等。

除了经济压力，自理能力的不足也是不得不面对的问题。高职学生甩向室友的宿舍混乱，以及因忙碌的兼职生活而遗忘的功课，不知大家是否感同身受？这些生活中的琐事，看似不起眼，却是很多同学头顶挥之不去的阴云。

（二）学习压力

大学并不是一个混日子的地方，相反，学习压力可能比高中还要大。就业市场的不确定性让很多学生不得不选择继续深造和考证。这些决定背后，是无数个黑夜与晨曦，"疯狂的期末周"不只属于考试周，还有考研和考证的准备。

除此之外，奖学金制度和学分制的竞争也让同学们不得不时刻保持紧张状态。不愿意落后于人，让大家以更高的要求看待自己，甚至有些同学在高强度的学习压力下喘不过气来。毕竟，勇气与压力肩并肩，谁也不敢轻易输给自己。

（三）人际关系压力

大学的交际圈比高中复杂得多。在这里，我们要面对的不仅有来自全国各地的同学，还有各种性格的室友、同学和老师。宿舍里的摩擦、团队合作中的矛盾以及恋爱中的迷茫，都是我们要面对的现实。人际关系的紧张，很容易影响我们的心理健康。

宿舍间的矛盾，文化差异、生活习惯的冲突，常常成为矛盾的始作俑者。我们每个人都有自己的生活方式，在撞击中找寻默契，这本应是成长的美好部分，然而在压力面前，这些美好显得黯然失色。

（四）求职就业压力

找工作——这个一听就让人心跳加速的词汇，是每个大学生都要面对的现实。就业问题如同达摩克利斯之剑，高悬在每个即将毕业的学生头上。海量的简历投递、漫长的等待、或多或少的挫折甚至是无尽的失望，让求职过程变得格外漫长且煎熬。

就业市场的激烈竞争，岗位需求与自身能力的匹配，再加上家长和社会的期许，有时候让人产生无力感。在这种高压状态下，很多学生选择继续深造，从而延缓走上社会的时间。然而，深造只是短暂的避风港，最终还是要踏入社会，面对现实的考验。

走向成功的隐形推手：压力管理策略

一、压力对大学生的影响

（一）压力的积极作用

1.压力是有效率的加速器

压力绝对是一种奇妙的存在。当我们面临最后期限，它能让我们全身心投入，提升效率。每个匆匆忙忙备考的夜晚，不就是最典型的例子吗？试想一下，如果没有即将到来的考试，我们如何能将那些枯燥的知识点如数家珍地背下来呢？心理学家米哈里·契克森米哈赖提出一个非常有趣的概念"心流"。"心流"状态类似于超常专注的状态，往往在我们面临一定压力时才能触发。投入到这种状态中，可以让我们更高效地完成任务，就像一台高速运转的机器。

因此，不妨将压力视为能够应对的挑战，而非不可逾越的障碍。接收并处理这些压力，能让我们更具备应对未来挑战的能力。事实上，这样的思维转变在长远来看，会形成一种积极的心理应激反应链条。

2.压力提升智力潜能

你或许不知道，适当的压力还能增智。谢尔顿·科恩，美国著名心理学家，提出了一个有趣的观点：低层次的应激反应能刺激大脑，产生被称为神经营养的化学物质，从而增强大脑神经元之间的连接。这种化学反应不仅能提升效率，还能提高注意力和学习效果。

另外，短期的压力同样可以提升记忆力。你还记得为了某次考试恶补的那个晚上吗？在紧张气氛中，我们的记忆力大大加强，帮助我们在考试中取得好成绩。这是大脑在压力环境下自我保护的一种机制，能够帮助我们克服暂时的困难。

3.压力提升免疫力

压力还有意想不到的作用，那就是提升我们的免疫力。为了在应对压力时做好准备，我们的身体会产生额外的白细胞介素，这种化学物质有助于调节人体免疫系统。谢尔顿·科恩指出，这种短期内对压力的反应可以暂时提高我们的防卫能力。这不仅仅是理论上的假设，斯坦福大学的研究发现，在实验室小白鼠应对中度压力时，血液中几种类型的免疫细胞变得极为活跃。

4.压力是成功的推动力

最后但同样重要的是，良性压力是我们迈向成功的重要推动力。想象一下，没有紧迫的截止日期，没有严格的课业要求，我们的学习生活会变得多么无目标和无趣。压力水涨船高，正是我们个人和学术能力飞速增长的时机。它推动我们勇往直前，争取更大的成就。

因此，不必对压力谈虎色变。我们要学会与压力共舞，视之为前进道路上的伙伴。面对压力时，保持积极的心态，相信它不是敌人，而是我们潜力的激发器。通过适当的管理和应对，我们能将压力转变为追逐梦想的助力。

（二）压力对大学生的消极影响

在高校，竞争激烈，课程繁重，许多同学都感受到前所未有的压力。这些压力不仅让我们感到焦虑，还可能对我们的身体和精神健康造成深远的影响。

1. 心理影响

（1）焦虑和抑郁症

长期暴露在高压环境中，极易催生焦虑和抑郁症状。此时，你可能觉得自己仿佛被困在了牢笼里，无法呼吸。这种感受会让你失去对自己能力的信心，学习效率大打折扣，更累积了更多的压力，如此形成恶性循环。数据显示，越来越多的大学生存在心理健康问题，焦虑和抑郁症发生率逐年上升。

（2）人际关系紧张

压力不仅对我们的内心世界产生影响，还会蔓延到与他人的交往中。在高压状态下，我们的情绪犹如一个不稳定的火药桶，随时可能被引爆。此时，面对朋友、同学和家人时，你可能会变得易怒和焦躁不安，出现沟通困难。旁人难以猜测你的真实情感，结果往往是促使矛盾增加，人际关系也因此跌入冰点。

（3）自尊心受损

在一次次失败和挫折面前，尤其是在大学明显分层的环境中，不少学生会产生自卑情绪，认为自己一无是处。这不仅导致学习和生活质量的双重下降，还进一步削弱了自身的动力和勇气。这样的心态不仅会在学业上形成阻碍，更会对未来的职业发展产生负面影响。

2. 生理影响

（1）失眠

压力如同一只野兽，会悄无声息地入侵我们的梦乡。夜间辗转反侧，脑海中不断浮现堆积如山的任务清单，此时的你内心如同被压了一块沉重的石头，难以安枕。长期的失眠不仅影响你的精神状态，还会导致白天的疲倦和注意力不集中，形成恶性循环。

（2）免疫力下降

压力可谓是"免疫系统的克星"。在高压之下，我们身体的自我防御机制逐渐削弱，免疫系统"罢工"会让我们更容易生病。研究指出，长期处于压力状态下的人，其免疫力往往较为低下，常常感到疲惫，无力应对疾病。

（3）消化问题

面对压力，消化系统常常最先举白旗投降。有些同学可能会察觉到，压力增加的时期，胃口逐渐变差，甚至胃痛、腹泻等问题频发。这一切都可能与压力紧密相连。长期的消化问题不仅影响营养摄入，更会对身体机能产生负面影响。

二、化解压力的策略

大学生承担着多个身份，不仅是学生，还是家人的希望、朋友的知己、未来的追梦者。这些多重角色的融合，常常让人感到喘不过气来。从每日的课程安排，到复习备考，再到兼职打工，甚至是感情的困扰，压力如影随形。

（一）正视压力，主动出击

俗话说："井无压力不出水，人无压力轻飘飘。"压力的存在，本质上是对我们的激励。然而，如何化压力为动力，才是我们需要掌握的技巧。首先，正确认识压力，接受压力，视其为人生的一部分，是重要的第一步。

（二）管理时间，拒绝拖延

你是否曾经为了拖延作业而熬夜到天亮，结果不仅效率低下，还感觉身心俱疲？科学管理时间，是解压的有效手段之一。明确每日任务，按轻重缓急进行分配，零碎的时间，也可以用于"小任务"的处理。时间管理软件可以帮助你进行系统的安排，再配合自身的执行力，以减轻学业的负担。

养成习惯把大任务拆分成小部分，你会发现完成任务竟然变得轻松许多！每天早晨醒来，整理清晰的日程安排，井然有序地实现各项计划，生活也会随之变得简单从容。

（三）合理宣泄，释放自我

面对重压，我们不妨尝试合理宣泄。对着空旷的田野或是树林大声呐喊，把心中的愤懑尽情发泄出来。在室内，可以通过写日记，将心中的烦恼逐字写下，寻求平静。或者，与好朋友倾心交流，彼此鼓励和支持。

值得一提的是，心理咨询师也是你的好拍档。他们具备专业的知识和技巧，能够帮助你打开心结，走出困境。不要担心自己的问题太小或太私人化，勇敢寻求专业帮助，是解决问题的重要一步。

（四）运动健身，活力充沛

想象一下，当你大汗淋漓地跑几千米，或是在健身房挥汗如雨，是不是觉得浑身舒畅？运动不仅有助于增强体质，还有助于释放压力。科学家早已证实，运动能促进体内内啡肽的分泌，这种"快乐激素"能带来愉悦的感受。

大学生可以选择自己喜爱的运动项目，如跑步、爬山、游泳、舞蹈或篮球。无论哪个项目，只要你投入其中，都会带来显著的缓解效果。若终日与书本为伴，不妨多到户外感受阳光，畅享运动的快乐。

（五）放松疗法，心灵治愈

不知你是否曾听说过气功、瑜伽、坐禅、自生训练等放松疗法？这些方法通过控制呼吸、放松身体，能够有效降低心理与生理的唤醒水平，带来极大的心理放松。

静下心来，在瑜伽垫上进行一段深呼吸，感受每一次呼吸带来的平和。或者，尝试通过冥想训练心智，逐步建立内心的平静。每天抽出几分钟进行这些放松练习，你会发现心境变得更加平和，内心的压力也得到了缓解。

（六）合理饮食，平衡身心

饮食与心理健康息息相关。科学合理的饮食习惯，不仅能为身体提供必需的营养，还能帮助缓解压力。试着多吃膳食纤维含量高的食物，如全麦面包、深海鱼、新鲜水果和蔬菜。避免摄入过多油腻食物和含咖啡因的饮品，减少糖分的摄入，这些都可以让你保持清醒和精力充沛。

一份营养丰富的早餐，是开启美好一天的基础。而维生素和矿物质的补充，也能帮助你保持良好的身体状态，为应对压力提供更多的能量。

（七）建立良好人际关系，互助成长

人际关系的和谐也是减少压力的重要因素。大学期间，朋友之间的相互支持与帮助，能为我们提供强大的心理支持。学会清楚认识自己的优缺点，积极与他人相处，构建和谐的人际网络，是化压力为动力的重要手段。

尊重他人，亦是尊重自己。在校园生活中，与室友、同学、老师保持良好的沟通，及时解决矛盾，减少误会，才能共同创建一个压力低、和谐温暖的学习环境。

搭建向上的桥梁：挫折的应对

压力是现代社会的常客，它不断与我们进行"无声沟通"。当压力调适不当，就容易导致挫败感；挫折的情绪又会反过来加剧压力。

压力虽然看不见摸不着，但它对我们的影响是真实存在的。想象一下，你正在准备一场重要的考试，但由于多方面的原因，你的复习进度落后了，你产生了焦虑，这种焦虑进一步打击了你的信心，导致学习效率下降，考试结果可能无法达到预期目标。这一连串的因果关系，正是压力和挫折互相作用的结果。

一、挫折的概念

挫折这一概念通常包括三方面的含义：挫折情境、挫折认知和挫折反应。

（一）挫折情境

挫折情境是指提出需要但不能获得满足的内外部障碍或干扰。它可能是人或物，也可能是各种自然、社会环境。例如，一次竞赛中没有获得所期望的名次，求职时投出的简历如同泥牛入海，甚至在课堂上受到老师的批评，这些都会构成挫折情境。

高职学生大多会经历考试失利，这正是一个典型的挫折情境。你可能熬夜复习，但成绩并未达到期望。此时，你所给予自己的时间、精力以及情感投入成为无法满足心理需要的障碍，从而引发挫败感。

（二）挫折认知

挫折认知是指对挫折情境的知觉、认识和评价。它既包括对实际发生的挫折情境的认知，也包括对想象可能出现的挫折情境的认知。这种认知往往决定了你如何对待挫折情境。

不同的人会有不同的挫折认知，而这种认知直接影响他们的心理反应和行为反应。比如，同样是一场考试失利，有些人会认为是自己努力不够，而有些人则会认为是命运不公。这种主观评价会极大地影响后续的行动。

许多高职学生在求职时都会遭遇挫折。面对一次次的简历被拒，你是否会因为次次受挫而觉得自己"不配拥有好工作"？还是通过每次的失败来总结经验、调整策略？这些不同的挫折认知会使我们对未来的预期和行动产生不同的影响。

（三）挫折反应

挫折反应是个体在挫折情境下所产生的一系列烦恼、困惑、焦虑、愤怒等负向情绪交织而成的心理感受，也就是挫折感。当挫折情境、挫折认知、挫折反应三者同时存在时，便构成典型的心理挫折。

正是因为挫折认知的不同，每个人对挫折的反应也会有所不同。有些人可能会变得焦虑、愤怒，甚至对未来失去希望；而有些人却能够从中吸取教训，勇敢面对挫折。

想象你参加了一次校内编程竞赛，但由于准备不充分，最终与你期望的名次失之交臂。这时候，你会产生烦恼、困惑甚至愤怒，这些正是典型的挫折反应。

二、挫折产生的原因

（一）客观因素

1. 自然因素

让我们先从那些我们无力改变的自然因素谈起。每个人都生活在受限的物理环境中，如天气变化、时间的流逝和身体的生老病死。在这些自然因素的限制下，我们可能感到无奈和无力，但这是不可避免的。然而，正如一位智慧的长者所言："不能改变环境，那就改变心态。"当然，这话说来容易做来难，但认识到这些自然因素的存在，可以帮助我们更好地理解和接受某些看似不可抗拒的挫折。

2. 社会因素

除了自然因素，社会因素带来的挫折也是不可忽视的，尤其是在大学这样的环境中。首先，学业压力绝对是个不可回避的问题。你可能会发现，有些课程因为老师不同、同学竞争而格外艰难，而有些课程则不怎么费力。其次，进入新的社交环境，很多学生会产生社交焦虑，不知道如何与人交往。还有家庭的期待和经济压力，这些都使得你们感到在大学生活中步履维艰。

但再多的社会因素，也只是外部环境的一部分。关键是我们如何应对这些挑战和压力。这里，不妨在心中多一分对社会环境的理解和宽容，也许能让某些挫折变得不那么尖锐。

（二）主观因素

1. 生理因素

回到你个人身上，有一类挫折是无法推卸到外部环境上的，那就是生理因素引起的挫折。例如，每个人天生的智力、体力和外貌都不一样，有些人能够轻松理解难题，而有些人却可能为一句话反复琢磨；有些人运动天赋出众，而有些人一跑步就气喘吁吁；还有些人天生丽质，而有些人则需要更多的自信和勇气去面对社会的审美标准。

这些差异是客观存在的，但我们每个人的潜力都是无限的。重要的是如何认清自己的优势和劣势，利用优势来弥补不足。"天生我材必有用。"每个人独特的能力和特质，都是无可替代的宝藏。

2. 心理因素

谈到心理因素，完美主义、焦虑、社交恐惧、低自尊这些心理问题都是导致挫折感的重要内因。例如，你想在某次考试中取得优异成绩，但因为担心做得不好而频频失眠；或者，你对他人的期待过高，结果往往失望。

这些心理因素往往是影响挫折感的重要内在驱动力。解决它们并非易事，但通过自我认知和心理调节，比如学习心理学知识，多与老师和同学沟通，寻求心理咨询等方法，你可以逐步提升自己的心理素质，缓解心理压力。

三、挫折对大学生的影响

谈到挫折，我们总是会不由自主地皱眉头。毕竟，谁喜欢生活中的坎坷与不顺呢？挫折就像生活中的"绊脚石"，给我们带来巨大的心理压力和短暂的心情低谷。然而，仔细想一想，挫折在给我们带来困扰的同时，也在悄悄地给予我们成长的机会。它实际上是一把"双刃剑"，可以让我们在与困难的斗争中获得宝贵经验与信心。

在我们的人生旅途中，真正的成长往往不是来自一帆风顺的生活，而是在那些艰难的时刻。一个未经受挫折的人，很难对生命的顽强与伟大有真正的认识。挫折不仅能激发我们内心深处的潜力，还能锻炼我们的耐受力、磨砺我们的意志，最终让我们更加成熟和坚强。

（一）激发聪明才智的源泉

当我们在遭遇挫折之后，要反省自己，总结经验教训，探究失败的原因，寻找摆脱困境的方法。正是这种不断探索和反思的过程，激发了我们的聪明才智。

举个例子，想象一下你刚刚递交了一份非常重要的实习申请，却被拒绝了。这时，你内心肯定充满了失落和沮丧，但经过深思熟虑，你会发现其实可以从中学到很多。也许是你的简历写得不够出色，或者在面试中表现得不够自信，这些都是要改进的地方。下一次，你会更加注意这些细节，从而变得更加优秀。

（二）增强耐受力

很多人说，当代大学生大多是独生子女，从小备受父母呵护，成长的道路往往一帆风顺，因此对挫折的承受力较弱。但实际上，挫折是一个能增强我们耐受力的重要元素。

面对挫折，我们会经历一段痛苦的心理调整期，但最终会发现，这种经历让我们更加坚强。比如，考试失利后的反省过程，恋爱中的挫败感，甚至是人际关系中的摩擦，都在悄悄地增强我们的抗压能力和心理素质。在这个过程中，我们学会了如何更好地面对挑战和不确定性，变得更具适应性和耐受力。

（三）激发进取精神

挫折对一个有志向的大学生来说，不仅仅是一场痛苦的经历，更是一种成长的催化剂。

每一次的失败，都会激发我们更强的进取心和斗志。比如，当在某个竞赛中名落孙山，你会更加努力地去提升自己的能力，争取下一次取得更好的成绩。这种不断努力和进取的过程，不仅让我们不断提升自己，还能培养出一种不怕挫折、勇往直前的精神。

（四）磨砺意志的试金石

古人云："自古英雄多磨难，从来纨绔少伟男。"历史上那些杰出的人物，大多经历过无数次的挫折和挑战。没有挫折的洗礼，很难让一个人成为真正的强者。

挫折会在无情的打击中，让我们重新审视自己，磨炼我们的意志和毅力。比如，越王勾践卧薪尝胆三年，终报亡国之仇；罗斯福身患残疾，却凭借自身的努力连任四届总统。这些人的成功，离不开他们在挫折中的顽强斗争和不断自我超越。

四、积极应对挫折

（一）挫折是人生的调味剂

我们要理解，挫折是生命的一部分。试图逃避挫折，只会让你错失许多成长与进步的机会。如果害怕在乐队合奏中出错，那你可能永远也无法体会到演奏成功的喜悦。挫折就像练习吉他时的手指头，起初会让你疼痛难忍，但正是这些痛感证明你在进步。

（二）扭转不合理的观念

美国心理学家艾利斯曾总结了几种不合理的信念，比如"绝对化要求""过分概括化"和"糟糕至极"。我们不妨自省一下，自己是不是常被这些魔咒困扰？比如，"我这次考试必须得 A，否则我就是个彻底的失败者"。其实完全没必要这么想，失败并不等同于个人的无能，而只是一时的失误。

思考问题的角度很重要。转念一想，把一时的挫折看成是成长的契机。举个例子，当你在一场篮球比赛中搞砸了最后一投，不要沉溺于自责，而是分析究竟是哪里出了问题，是技术不够，还是压力太大？在找到问题的根源后，努力加以改进，才能更好地迎接下一场比赛。

（三）学会悦纳自己，找到平衡点

每个人都有独特的优势和不足，定期反思、记录自己的优点和成功之处，能够帮助你更好地认识自己。要知道，成功不总是宏大或者惊天动地的，它可以是每天坚持跑步，也可以是给自己煮一顿美味的早餐。每天找到三件让你感到自豪的事情，并将其记录下来，这不仅能增强自信，还能让你在回顾时感受到莫大的鼓励。

（四）构建坚实的人际关系网

心理学研究表明，与朋友一起面对困难，可以大大减轻压力。建立良好的人际关系不仅能提供情感上的支持，还能在需要时给予实际帮助。所以，别犹豫，当你面对问题时，学会伸出你的手，请求帮助吧！同时，也不要忘记在他人需要时，伸出援助之手，建立一种互惠互利的关系。

（五）别忽视心理防卫机制

当挫折来临时，心理防卫机制有助于我们维护内心的平衡。积极防卫机制如升华和幽默等，能够把挫折转化为前进的动力。比如失败后写下幽默的小段子，用困境中的自我调侃来缓解压力。补偿机制也很重要，如果一次篮球比赛失败了，不妨在学术领域进行努力，找到另一种成就感。

（六）主动调适心理状态

最后，学习一些简单可行的自我心理调适方法，如自我暗示法、放松调节法、想象调节法和呼吸调节法等。当你感到压力山大时，不妨闭上眼，深呼吸，假想自己在阳光明媚的海滩上，缓解紧张情绪。经常进行自我暗示，用积极的语言激励自己，比如"我一定可以做到，我有能力克服所有困难"。

记住，改变不合理的信念是化解失败感的重要手段。如果你的目标总是不切实际，高于自己的实际能力，那注定常遭遇挫折。偶尔放下手中的重担，重新设定一个现实、可行的目标，而为之奋斗，未尝不可。

成长链接 ▶

50个放松休息小妙招

1. 静静地坐在窗边，凝视夜空中的繁星。

2. 深呼吸，让心中的烦闷随着呼吸缓缓消散。

3. 泡一个温暖的澡，让身体彻底放松。

4. 聆听一段舒缓的音乐，让心灵得到宁静。

5. 感到疲惫时，小憩一会儿。

6. 在水中游泳，享受水流的拥抱，也是极佳的放松方式。

7. 站在窗边，眺望远方，让视野开阔，心情也随之舒畅。

8. 关灯，点燃一支蜡烛，沉浸在柔和的夜色中。

9. 身体平躺在床或地毯上，双腿轻轻靠墙，享受片刻的宁静与放松。

10. 约上几位好友，一同外出，享受户外的乐趣。

11. 学习一项新技能或知识，让大脑得到新的刺激。

12. 跟随一段放松训练的指导，让身体逐渐放松。

13. 翻开一本书，沉浸在阅读的乐趣中，忘却烦恼。

14. 尽情品尝美食，让味蕾在美味中旅行。

15. 走进大自然，找一个舒适的地方坐下，感受自然的宁静。

16. 拿起纸和笔，给自己或亲人写一封温馨的信。

17. 尝试将日常动作放慢两倍，体验慢生活的美好。

18. 进行一次深度腹式呼吸，让身体更加放松。

19. 找一个安静的地方，独自进行冥想，厘清思绪。

20. 拿起电话，与好友畅聊，分享彼此的生活点滴。

21. 绕城漫步，欣赏城市的风景，感受城市的脉动。

22. 记录今天的心情与感受，写一篇日记。

23. 仔细观察自己的身体，感受每一个细微的变化。

24. 选购一束鲜花，为生活增添一抹色彩。

25. 使用香薰，营造一个舒适宜人的环境。

26. 规划一次短途旅行，探索未知的风景。

27. 享用一顿丰盛的大餐，满足味蕾。

28. 拔掉所有不必要的电源线，减少干扰，享受宁静。

29. 穿上跑鞋，进行一次畅快淋漓的跑步。

30. 骑自行车穿梭在城市的街道或乡村的小路上。

31. 与家中的宠物互动，享受它们的陪伴与欢乐。

32. 亲手研磨咖啡豆，冲泡一杯香浓的咖啡。

33. 参观艺术展览，欣赏各类艺术品的独特魅力。

34. 阅读一些幽默的笑话，让笑声驱散忧愁。

35. 尝试用新的视角观察日常事务，发现不一样的美。

36. 体验新车试驾，感受驾驶的乐趣与激情。

37. 漫步在公园的小径上，享受绿荫与花香。

38. 逛一逛农贸集市，体验人间烟火气。

39. 学会宽恕他人，让心灵得到解脱与升华。

40. 拿起蜡笔，为空白的画布添上斑斓的色彩。

41. 无论何种乐器，都勇敢地尝试演奏，享受音乐的魅力。

42. 找回童年的乐趣，尝试爬一次树。

43. 放飞一个纸飞机或风筝，让心情随风飘扬。

44. 做一件善事，传递正能量，温暖他人的心。

45. 进行全身伸展运动，缓解身体的紧绷与僵硬。

46. 拿起画笔，在墙上涂鸦，释放内心的创意。

47. 创作一首打油诗，用幽默诙谐的语言表达生活。

48. 朗诵一首诗，感受诗歌的韵律与情感。

49. 随着音乐的节奏翩翩起舞，释放身体的活力。

50. 对所爱的人说一声感谢，表达心中的感激之情。

青春 训练营

大学生应对挫折记录表

本活动旨在通过记录和分析大学生在面对挫折时的应对方式及效果，帮助学生增强自我认知，提高挫折应对能力。通过填写此表格，学生能够更加清晰地了解自己的心理状态和行为模式，学会在面对困难时采取有效的应对策略，从而促进个人成长和心理健康。

基本信息

挫折事件记录表

发生日期	挫折事件描述	挫折来源	影响程度（1～10）

应对方式及效果评估表

应对方式	实施时间	效果评估（1～10）	备注

反思与总结

1. 在面对挫折时，哪些应对方式对你最有效？请说明原因。

2. 在应对挫折的过程中，你遇到了哪些困难？你是如何克服这些困难的？

3. 通过这次经历，你对自己有哪些新的认识？

4. 未来遇到类似挫折时，你打算如何调整自己的应对策略？

心海 实战

心理身体紧张松弛测试

本测试旨在评估你在不同情境下的心理和身体紧张程度。请根据你的实际感受，对每个情境下的紧张或松弛程度进行评分。这将有助于你更好地了解自己的心理状态，并为你在学习和生活中调整心态提供参考。

请对以下每个情境进行评分，评分范围为 1~5，其中 1 表示非常松弛，5 表示非常紧张。

1. 当你在课堂上被老师突然点名回答问题时，你的紧张程度是：_____

2. 当你面临期末考试，且复习时间有限时，你的紧张程度是：_____

3. 当你参加一个陌生社交场合，需要主动与人交流时，你的紧张程度是：_____

4. 当你需要公开发表演讲或做报告时，你的紧张程度是：_____

5. 当你在等待一个重要面试的结果时，你的紧张程度是：_____

6. 当你在体育课上进行高强度运动时，你的紧张程度是：_____

7. 当你遇到突发事件（如突然生病或有急事）时，你的紧张程度是：_____

8. 当你在众人面前接受表扬或奖励时，你的紧张程度是：_____

9. 当你需要同时处理多项任务，时间却非常有限时，你的紧张程度是：_____

10. 当你在公共场合被人质疑或挑战时，你的紧张程度是：_____

11. 当你尝试学习一项新技能但进展缓慢时，你的紧张程度是：_____

12. 当你与他人产生冲突或误会时，你的紧张程度是：_____

评分与解读

将每个情境的评分相加，得到总分。总分范围在 12~60 分之间。

1. 总分在 12~24 分：你在大多数情境下都能保持较为松弛的状态，心理素质非常好。

2. 总分在 25~36 分：你在某些特定情境下会感到一定程度的紧张，但通常能够很好地应对。

3. 总分在 37~48 分：你在多种情境下都容易感到紧张，可能需要学习一些放松技巧来更好地管理压力。

4. 总分在 49 ~ 60 分：你在很多情境下都感到非常紧张，强烈建议寻求其他方法来减轻压力和焦虑。

建议

根据你的总分，以下是一些建议：

1. 低分段（12 ~ 24 分）：继续保持平衡的心态，同时可以尝试更具挑战性的任务来进一步挖掘自己的潜能。

2. 中低段（25 ~ 36 分）：在压力较大的情况下，尝试使用简单的放松技巧，如深呼吸，来帮助自己保持冷静。

3. 中高段（37 ~ 48 分）：考虑定期学习并实践放松和减压技巧，如瑜伽、冥想等。同时，可以寻求朋友或家人的支持来减轻压力。

4. 高分段（49 ~ 60 分）：建议寻求专业的心理咨询帮助，以学习更有效的压力管理技巧和应对策略。同时，确保有足够的休息和锻炼，以保持身心健康。

请记住，每个人的紧张反应和应对能力都是不同的，这个测试只是一个指导性的工具。如果你发现自己经常处于高度紧张的状态，不妨尝试上述方法，或寻求专业的帮助。

《病隙碎笔》

《病隙碎笔》是当代文学大家史铁生的经典之作，它不仅是一部充满深刻生命体验的人生笔记，更是一本教我们如何面对压力和挫折的教科书。史铁生在身患尿毒症、接受透析治疗的困境中，依然坚持完成了这部作品，其本身就为我们树立了一个坚韧不拔的典范。

《病隙碎笔》为我们提供了宝贵的启示。首先，史铁生通过自身经历告诉我们，面对身体的病痛和生活的压力，抱怨和逃避不是解决问题的办法。相反，他选择了用文字来记录和反思自己的生命体验，从而找到了一种与世界对话、与自己和解的方式。

其次，史铁生在书中展现了对生命终极意义的追问。这种追问不仅是对个人命运的思考，更是对人类存在意义的探索。在压力和挫折面前，我们往往会感到迷茫和无助，但正是这种对生命意义的不断追问，让我们能够找到前进的动力和方向。

再次，《病隙碎笔》中的文字充满了幽默和旷达，这体现了史铁生面对困境时的乐观态度。他用自由的心魂漫游在世界和人生的无疆之域，启迪我们即使在最艰难的时刻，也要保持一颗热爱生活、追求美好的心。

最后，史铁生通过这部作品向我们传递了一种信念：无论生活给予我们多少压力和挫折，只要我们勇敢面对、积极思考，就一定能找到属于自己的那片天空。这种信念对于我们每一个人来说都是宝贵的财富，它让我们在困境中不失去希望，在挫折中不断成长。

综上所述，《病隙碎笔》不仅是一部文学作品，更是一部关于如何应对压力和挫折的哲学教程。它教会我们如何在逆境中寻找生命的意义和价值，如何在压力和挫折面前保持坚韧不拔的精神。

专题九 珍爱生命 幸福人生
——大学生生命教育

 在线

"遇见"未来

10岁的小明在上小学，身边有许多一起玩的小伙伴；

20岁的小明是大学生，憧憬大学毕业后能够大展身手，渴望有一番自己的事业；

30岁的小明在职场打拼，事业、爱情方方面面都让他感觉到背负着巨大的压力；

以上是小明30岁的人生经历。

同学们，设想一下，假如30岁的你穿越回到现在，回到大学的课堂上，请你试着描述一下30岁的你过着怎样的生活，成了什么样的人，有什么想要说的话，写在卡片上，并在小组内进行分享。对比现在与未来的差别，正确认识现在自己的优势和不足以及未来努力的方向。

请同学们填写自我认知小卡片，分别从家人、朋友、老师、自己四个维度对自己进行评价，并描述自己的理想和榜样。

模块一

生命的意义探寻：生命的意义

一、生命意义的定义

"人为什么要活着呢？我活着的意义是什么呢？"相信有不少人思考过这个问题，不同的人有不同的答案。在现实世界中，有太多的人被物质、精神等方方面面压得喘不过气来，他们迷茫又困惑，找不到生命的意义。

在历史中找寻问题的答案，我们会看到，诗人屈原坚持对真理的追求，留下了

"路漫漫其修远兮，吾将上下而求索"的诗篇。青年时期的毛泽东借对长沙秋景的描绘和对自己革命斗争生活的回忆，发出了"问苍茫大地，谁主沉浮"的感叹。雷锋也曾经在日记里写过这样一段话："如果你是一滴水，你是否滋润了一寸土地？如果你是一线阳光，你是否照亮了一分黑暗？如果你是一颗粮食，你是否哺育了有用的生命？如果你是一颗最小的螺丝钉，你是否永远坚守在你生活的岗位上……"。

每个人生而不同，带着不同的使命来到世间，借用《士兵突击》中战士许三多的话来表达，"要做有意义的事，有意义的事就是好好活，好好活就是做有意义的事儿"。生命的意义就是人们对自己生命中目的、目标的认知和追求，知道自己将要做什么，并为实现自己的价值努力去做一些事情。

二、生命意义与心理健康

从积极方面来说，当一个人能够找到自己的人生意义并为之奋斗时，他会感受到获得感和幸福感，促进自身的心理健康。人的生命意义不是简单地追求个人的成就和物质财富，更侧重于对生活的意义、价值的思考和追求。但从消极方面来看，当人们在探索生命意义的过程中受挫，就可能被生存的空虚感笼罩，转而通过寻求享乐和追求金钱来补偿；生命意义的挫折感和价值观的冲突会引发一系列心理疾病，包括抑郁、攻击、药物成瘾甚至自杀。

生命意义的追求需要个体具备良好的心理健康状态。只有当个体的心理健康得到维护和提升时，才能更好地思考和评估自己的生命意义。心理健康使个体能够更好地认识自己的内在需求和价值观，从而为实现个人的人生意义提供指导和支持。

三、活出生命的意义

自人类诞生之日起，就不断有先哲探寻生命的意义。哲学家苏格拉底认为人生最重要的就是要认识自己，不断地反思自身，追求真理和智慧，不断地完善灵魂；孔子则将自己的人生理想概括为"修身齐家治国平天下"，实现自身的政治抱负；对于郑和来说，生命的意义或许就是远下西洋播撒友谊；对于鲁迅来说，生命的意义或许就是以犀利的文字唤醒国人麻木的神经。需要层次理论是将人的需求分为五种，分别是生理需要、安全需要、归属和爱的需要、尊重的需要和自我实现的需要，从心理学角度对人的生命意义进行了解读；人本主义心理学提出，人类不是被环境和生物决定的机器，而是具有自我决定权和自我实现能力的存在，人的主体性、自我实现和自我决定权是人之所以为人的关键。所以我们认为，从心理学的角度出发，人生的意义在于：生命存在的本身；不断地追求自我成长和超越，实现自身价值。

成长链接 ▶

生活不仅仅是快乐，什么样的人生更有意义？

（节选）

我以前认为人生的目标就是追求快乐。人人都说，成功是通往快乐的路，所以我去寻找理想的工作、完美的男友、漂亮的公寓。但我没有感到圆满，反而觉得焦虑和漫无目的。且不只有我这样，我的朋友们——他们也有这种困扰。我最后决定去研究正向心理学，去找出什么能让人开心。但我在那儿的发现，改变了我的人生。

数据显示，追求快乐会让人不快乐。真正让我震惊的是这点：全球的自杀率不断攀升，最近在美国达到三十年来的新高。虽然客观来说，生活变好了，从每个能想到的标准来看皆是如此，却有更多人感到无助、沮丧及孤独。有一种空虚感在侵蚀人们，并不需被临床诊断出沮丧也能感觉到这个现象。我想，迟早我们都会想要知道：难道就只有这样而已吗？根据研究，绝望的原因并不是缺乏快乐，而是缺乏某样东西，缺乏人生意义。

知名心理学家马丁·赛里格曼说，意义来自归属感，致力于超越自我之外的事物，以及从内在发展出最好的自己。我们的文化对"快乐"相当痴迷，但我发现，寻找意义才是更让人满足的道路。且研究指出，有人生意义的人适应力也会比较强，他们在学校及职场的表现较佳，他们甚至活得比较久。

所以这一切让我开始想，我们每个人要如何活得有意义？为了找出答案，我花了五年时间，访谈了数百人，阅读了数千页的心理学、神经科学及哲学。把这些汇整起来，我发现了一件事，我称之为"人生意义的四大支柱"。我们可以彼此相互建立起这些支柱，在彼此的人生中找到人生的意义。

第一根支柱是归属感。归属感来自一种关系：你与他人在本质上是否处在相互珍惜的关系中。但有些群体或关系，提供的是廉价形式的归属感；你被重视的原因是你所相信的事物、你对人的好恶，而不是你的本质。真正的归属感源自爱。它存在于个体间共处的时光当中，且它是一种选择——你可以选择与他人培养归属感。对很多人来说，归属感是人生意义的重要来源，就是与家人及朋友之间的联结。

第二根人生意义的支柱是目的。找到你的目的并不是指找到让你快乐的工作。目的的重点是你能给予什么，而不是你想要什么。一位医院管理员告诉我，她的目的是治愈生病的人。很多家长告诉我："我的目的是扶养我的孩子。"目标的关键在于用你的力量去服务他人。

第三根人生意义的支柱，也和走出自我有关，但用的方式完全不同：超然。超然的状态是很少见的时刻。在这个时刻中，你超脱了日常生活的喧嚣扰攘，自我感正在渐渐消退，你会感觉到和更高的现实产生联结。跟我谈过话的其中一个人说，超然来自欣赏艺术。

第四根支柱就是说故事，你告诉你自己关于你自己的故事。用你人生中的事件来创造一个故事，能让你看得更清楚。它能协助你了解你是怎么变成你的。但我们通常没发现，我们故事的作者就是自己，且我们可以改变说故事的方式。你的生命并不只一连串的事件。即便你被事实给限制住，你仍可以编辑、诠释、再重新述说你的故事。

我遇到一位叫作埃梅卡的年轻人，他因为打美式足球而瘫痪。埃梅卡在受伤后，内心的对话是这样的："我打美式足球的人生是非常棒的，但看看现在的我……"像这样说故事的人比较容易焦虑和沮丧。埃梅卡有好一阵子就是这样。但随时间的流逝，他开始编造一个不同的故事。

他的新故事是："在我受伤前，我的人生没有目的。我常去派对，且我是个很自私的人。但受伤让我明白，我可以成为更好的人。"埃梅卡把他的故事进行改造，从而改变了他的一生。在对自己说完这个新故事之后，埃梅卡开始开导孩童，他找到了他的目的：服务他人。

生命的课堂：大学生生命教育概述

一、生命教育的起源与发展

生命教育，是以关怀生命为中心，通过培养学生保持个人理智、情感、意志和身体平衡，与他人建立互相尊重的关系，从而提升对生命价值的认识，树立正确的生命观，是直面生命和人的生死问题的教育。

生命教育最早起源于 20 世纪初在西方兴起的死亡学和生死教育，1968 年美国学者华特士出版了《生命教育》一书，探讨关注人的生长发育与生命健康的教育真谛。澳大利亚于 1979 年成立了"生命教育中心"，明确提出"生命教育"的概念，日本于 1989 年在学生道德教育目标中明确提出以尊重人的精神和对生命的敬畏之观念为标准。中国台湾地区把 2001 年定为"生命教育年"，上海市 2005 年出台《上海市中小学生生命教育指导纲要》。从此，"生命教育"这一现代教育理念开始进入我国中小学校园，此后各种学术团体纷纷建立，有关生命教育的各项研究蓬勃发展。

2012 年 5 月，中华人民共和国人力资源和社会保障部中国就业培训技术指导中心推出生命教育导师职业培训课程，强调生命教育，即直面生命和人的生死问题的教育，其目标在于使人们学会尊重生命、理解生命的意义，以及生命与天人物我之间的关系，学会积极的生存、健康的生活与独立的发展，并通过对生命的呵护、记录、感恩和分享，获得身心的和谐、事业的成功、生活的幸福，从而实现自我生命的最大价值。

现如今，随着社会节奏的加快，以及"内卷"现象的出现，大学生的压力日益增加。部分大学生面对学业、就业以及情感等方面的压力时，未能很好地调整心态，而是通过酗酒和吸烟等伤害生命健康的行为来释放压力，或是沉溺于网络游戏，更有甚者选择极端的手段来逃避问题，这对生命是极其不尊重的。随着社会主义新时代建设的开启，高校生命教育也需要进行调整，以最大化满足当前大学生的内在需求。

二、生命教育的意义

（一）个体层面

1. 树立正确的生命观。生命观是指人对自身生命的态度，包含对自身生命态度，以及对待他人生命及自然界一切生命的态度。正确的生命观，指正确地对待生命、对待万物、对待自然的态度。每个人的生命都只有一次，要热爱自己的生命，也要珍爱他人的生命，珍惜时光，努力实现自己的人生价值。

2. 培养健全的人格。健全的人格，是指人格的正常和谐发展，有良性的动机，有兴趣爱好和聪明才智，人际关系协调等，体现在性格、人格品质、责任感、情绪稳定性、思维开放性等五个维度。健全的人格是健康机体必备的基础素质。

3. 促进大学生心理健康。健全的人格是心理健康的基石。心理健康是指一个人在心理上达到的一种相对稳定的平衡状态，拥有良好的人格特质能够提高人们的心理适应能力，让人更加坚强、自信和积极。新时代高校生命教育，一方面，通过帮助大学生心理构建，稳定情绪，缓解压力，提升学习工作效率，增强积极心理，实现内心成长；另一方面，通过教育提升学生对生命的内在理解，实现有质量、有意义的生命价值。

（二）高校层面

1. 有利于安全稳定。高校安全责任重于泰山，高质量的生命教育实践活动可以增强大学生的生命意义感、生命价值感，消解社会不良风气对学生的消极影响。对于学生容易出现的心理疾病、生命观淡薄、价值观扭曲等问题，生命教育通过积极正面的引导，润物无声，化解校园安全风险于无形。

2. 有利于德育建设。立德树人是高校的根本任务，培养身心健康、思想稳定、政治成熟的时代新人是高校德育建设的重要目标。高校通过开展生命教育，通过多种形式进行德育工作，培养学生的思想道德品质，提升高校的德育工作水平，促进高校德育建设的发展。

3. 有利于塑造校园文化。校园文化是一所学校综合实力的反映，校园文化的核心竞争力主要表现在文化的凝聚力和创造力上，优秀的校园文化能赋予师生独立的人格、独立的精神，激励师生不断反思、不断超越。所以，校园文化建设是学校发展的重要保证。新时代高校开展的生命教育通过教育学生，深化其生命意识和生命意义，能够促进校风、学风的转变，塑造"大学精神"。

（三）社会层面

1. 有利于家庭的幸福和谐。新时代高校开展生命教育最直接的目的是提升大学生心理健康水平，减少心理问题乃至自残、自杀等问题的发生。每个学生背后都承载着至少一个家庭的期盼和坚守，守护学生的幸福健康就是守护其背后家庭的幸福安康。

2. 有利于社会的和谐稳定。大学生作为今后社会建设的中坚力量和重要群体，心理问题导致社会问题会对社会产生重要的影响，影响社会的和谐稳定。新时代高校生命教育立足在大学阶段，培养塑造学生良好的心理素质、过硬的意志品质，增强内在的稳定性，有利于社会的和谐稳定。

3. 有利于实现中华民族伟大复兴。实现中华民族伟大复兴，当代大学生重任在肩。培养大学生的责任感、担当意识及爱国奉献的精神是高校首要任务。新时代高校开展的生命教育是以人为中心的教育，目标是培养新时代大学生家国情怀和担当意识，因此，从长远来看，高质量的生命教育有利于为中华民族复兴提供人才支撑。

摆烂的真相：习得性无助

摆烂是指当感到事情已无法向好的方向发展，于是就干脆不再采取措施加以控制，而是任由其往坏的方向继续发展下去的行为。

为什么现在摆烂文学越来越火？为什么大家如此悲观？今天我们来聊一聊它背后的缘由：习得性无助。

1. 习得性无助的概念

习得性无助是指个体在遭遇失败、挫折之后，在面临困难时所表现出来的一种无力感。当一个人将不可控制的负面事件或失败结果归咎于自身的智力、能力时，一种弥散的、无助的和抑郁的状态就会出现，自我评价就会降低，动机也减弱到最低，无助感就会产生。

习得性无助的产生与一个人面临失败或挫折时的心理反应有关。如果在本认为自己应该能够成功的情况下反复经历失败，就容易质疑自己的能力和价值，形成消极的自我认知。它的形成往往源于童年时期的经历，过度保护或过度干预的教育方式可能导致一个人缺乏自主性和解决问题的能力，由此把自己定位成失败的角色，以消极的态度应对事物。

2. 习得性无助的实验研究

习得性无助是美国心理学家马丁·塞利格曼在 1967 年提出的，他在狗身上做过一个典型的实验，一只在笼子里被反复电击的狗，多次实验后，只要电击的信号音一响，即便实验者在电击前已经把笼门打开，狗也不会逃走。相反，它会在电击到来前就倒地不起，痛苦呻吟。本来可以主动逃避却绝望地等待痛苦的来临，放弃任何反抗，这就是习得性无助。

3. 习得性无助的四个阶段

第一阶段：一次又一次地失败，一次又一次地被挫败，并相信失败的原因是不可控制的。

第二阶段：在付出了努力之后，深深地感觉到自己不能改变事件结果，从而产生一种"我不可以"的错误认知。

第三阶段：由于过去的经验，对自己的未来感到悲观，认为未来也会像之前一样失败。

第四阶段：错误的认识和想法，会影响我们对当前的判断，让我们对未来抱有悲观、沮丧、逃避的态度。此时，人会在面对类似事物时，潜意识里采取类似的思考模式，从而自暴自弃，变得堕落。

4. 应对习得性无助

（1）适当地降低预期

如果你在某个方面感到无能为力，却必须要去面对，那么你就不能勉强自己去做，那样只会让自己陷入更多的失败。不如将期望值调低一些，从最简单的地方入手，尝试一下，找一个容易开始的部分先去试验，把"我就是做不好"变成"我可以做点什么"。

（2）改变归因方式

归因理论指出，如果我们将自己的失败归结为自身的、普遍的和稳定的因素，那么我们很可能会感到绝望，从而放弃自己的努力。比如说，你觉得学习不好是因为自身能力原因，认为这是不可以改变的，这时候就会感觉没必要努力了。反之，若能转变归因，尝试将其归因于自身努力不足，则可能会对将来有正面的期望。

（3）寻求专业的心理帮助

如果你还在绝望中，觉得自己已经没有希望了，无法进行自救，那么你可以去寻求心理咨询师的帮助，陪你一起寻找那扇解开无助的门。

（摘自济宁心理微信公众号，发布于 2023-10-20，有改动）

心灵的守护：大学生心理危机及表现

一、大学生心理危机的含义

心理危机是指由于当事人突然遭受严重的灾难、重大生活事件的伤害或过度强烈的精神压力使生活状况发生明显的变化，尤其是出现了超出自己的生活条件、知识和经验而难以克服的困难，以致陷入痛苦、不安状态，常伴有绝望、麻木不仁、焦虑，以及躯体症状和行为障碍。

大学生心理危机是指在大学阶段出现的某种心理上的严重困境，即当事人遭遇超过其承受能力的刺激而陷于极度焦虑、抑郁，甚至失去控制、不能自拔的状态。由于情况紧急，既往惯用的应对方法失效，内心的稳定和平衡被打破，容易导致灾难性后果。

二、大学生心理危机干预的意义

如果心理危机未能得到有效处理与干预，任其发展会使个体陷入困境。无助的人会采取一些消极应对方式，如借助酒精、滥用药物等，极易产生孤独、多疑、抑郁、自责、焦虑等不良情绪，严重的会发展成精神障碍，甚至出现自残、自杀等严重后果。

如果心理危机未能得到有效处理，当事人表面上度过了危机，但事实上只是暂时将消极的情绪压抑到潜意识当中，并没有真正解决危机，这会对个体今后的心理产生影响，留下后遗症。心理危机处理不当留下的后遗症还会不时地对当事人今后的生活产生影响，下次遇到类似的危机事件时，极有可能出现新的不适应状况。

因此，在高校里，心理危机干预工作尤为重要。在大学生遇到心理危机时，帮助他们妥善处理危机，安全度过危机并成功完成挑战，促进其心理水平的提高才是危机干预的最终目的和意义所在。同时，我们不能忽视预防的作用。心理危机预防的重点在于如何"防患于未然"，如何在心理危机引发更严重的后果之前筛选出容易诱发心理危机的个体，如何让心理健康教育更有效地开展。

三、大学生心理危机的类型

（一）适应型心理危机

适应型心理危机主要是指大学生对大学新的学习、生活、人际关系等环境不适应，从而形成的心理失衡状态。大学的管理与中学的管理有较大区别，需要学生有较强的自我管理能力。一些学生在大学期间自立能力较差，缺乏独立决策的能力，导致适应不良，严重者会引发适应不良症。

（二）学习压力型心理危机

学习成果是家长、老师、同学、社会、用人单位对学生进行评价的主要依据，是大学生非常看重的。大学的学习内容信息量大，教学方法区别于中学，一些专业课的学习与中学成绩关系不大，这些因素容易造成部分学生难以把握大学的学习方法，从而影响学业成绩。大学生入学的成绩都很接近，同学间的学习竞争基本上是重新开始的，大学成绩的好坏取决于每人的努力程度。还有的学生对专业的不适应和排斥，也会造成学业上的巨大压力。这些学习上的压力往往使大学生长期处于身心疲惫状态，容易引发大学生的心理危机。

（三）人际关系型心理危机

寝室同学间的关系紧张是大学生心理危机爆发的重大隐患。缺乏交往能力还表现在大学生容易出现骄傲、不懂得欣赏他人优点等。除了与同学的关系紧张外，在与老师、家人或其他社会成员的交往中，大学生也常常遇到挫折。在遇到人际关系挫折时，他们有脆弱、抗挫折能力差的特点，表现出与他们骄傲不相符的低自信力。一旦遇到困难，没有勇气面对，更没有能力解决，很容易导致大学生在面对人际关系挫折时无所适从，从而产生心理危机。

（四）恋爱情感型心理危机

大学生处于人生成长阶段的青年期，生理发育基本成熟，普遍具有欣赏和追求异性的心理。目前，高校大学生恋爱的现象越来越普遍，如果感情和学业处理得当，恋爱会使两人相互督促，共同进步和提高。然而，有的同学心理发展还不成熟，情感经验缺乏，无法处理好复杂的情感纠葛，一旦出现感情挫折，很容易陷入恋爱情感引发的心理危机。

（五）境遇型心理危机

境遇型心理危机是指突如其来、无法预料和难以控制的自然灾害或人为事件的影响，使大学生无法承受由此带来的影响和压力，从而产生心理危机。比如洪水、地震、山体滑坡等自然灾害，以及大学生个人及家人在灾害中受到的影响和伤害，往往会对大学生的心理产生严重的影响，甚至产生心理危机。而生活中突发的人为事件，如亲友突然离世、父母感情破裂、家庭经济破产、家人受到刑事处罚、自身遭遇身体的侵害或财产的侵占等偶然性遭遇，随机性强，当事大学生没有心理准备，一旦发生，心理上的无助感和挫折感十分强烈，非常容易爆发心理危机。

（六）经济压力型心理危机

对于收入较低的农村家庭、城市低保户等经济困难的家庭，要负担一名甚至多名大学生上学的压力很大，许多家庭因此背上沉重的债务。近年来，国家出台的相关奖、助、贷政策，一定程度地缓解了大学生学费的问题。然而，日益上涨的生活费是经济困难家庭大学生面对的难题，他们在巨大的经济压力面前容易感到无助和自卑，从而产生巨大的心理压力。另外，生活在同一群体中的大学生，来自不同条件的家庭，具有不同的消费能力和消费习惯，大学生容易羡慕家庭条件好、消费水平高的学生，有的学生还盲目攀比，给自己造成了不必要的经济压力，更有甚者产生嫉妒，形成严重的心理负担。

（七）就业压力型心理危机

当前大学生普遍存在对前程担忧的情况，他们不知道毕业后该干什么、能干什么，感到前途渺茫，担心找不到工作，辜负父母的期待，甚至担心毕业即失业。随着高等教育的大众化和社会竞争的加剧，大学生已经不再是"天之骄子"，他们几乎从一上大学起就在为就业做准备。这种就业压力一直伴随着整个大学生活，已经成为大学生面临的最大的心理应激源，是大学生陷入心理危机的最主要原因。就业压力型心理危机还表现在求职过程中。一方面，用人单位对大学生的知识结构、社会实践综合素质的要求越来越高；另一方面，高校毕业生就业期望也越来越高，留恋大城市工作，不愿到艰苦地区工作，加上就业领域存在的个别不正之风，使不同家庭社会背景、地域条件、性别等的大学生受到区别对待。

四、大学生心理危机的表现

（一）大学生心理危机的特点

1. 易发性

大学生心理正处于由不成熟向成熟发展的过渡时期，积极与消极心理并存，加上情绪不稳定，内心压力强度太大或持续过久，或任何一个问题得不到及时化解，都可能成为引发心理危机的导火线，导致严重的后果。

2. 交互性

大学生心理危机往往是多种因素共同作用的结果，如学业期望、经济状况、情感归宿等交织在一起。当遇到特定的生活事件时，这些交互因素就会引发个体心理危机。

3. 潜在性

心理危机常常并非以直接爆发的方式体现，而是潜藏于内心，由于某些因素使负面情绪长期得不到宣泄，当遭遇特定应激事件时，再加上易感的性格，容易引发心理危机。

4. 易察性

尽管心理危机具有很大的潜在性，但发生前通常会有一些先兆，即当事人表现出情绪、行为的反常。在大学校园中，学生大部分时间是在教室、宿舍、食堂、运动场等场所，接触的对象主要是同学，一旦出现异常现象，相对容易被觉察。

（二）大学生心理危机发生时的表现

大学生对不同危机的反应方式和反应程度取决于很多因素，如个人的生活经历、个性特点、受危机影响的严重程度、离危机发生现场的远近程度、得到社会支持的程度，以及危机干预的类型与质量等。在出现危机时，大学生可能有的共同反应是震惊、失去知觉，否认或者对已发生的情景无法知觉，表达不了真实的感觉，思维混乱，行为混乱，难以做决定，易受暗示等。

存在心理危机倾向与处于心理危机状态的大学生，一般表现为情绪剧烈波动或认知、躯体、行为等方面有较大改变，暂时不能应对或无法应对正常的生活模式。主要表现是：否认各种分离的感觉，非意愿地、无法控制地回想，抑郁，注意力难以集中，焦虑，身心疾病反应，高度敏感，退缩性行为，饮食困难，烦躁，耐挫力降低，睡眠困难，学习与工作能力降低，对曾经喜爱的活动的兴趣降低，心理疲劳等。有的大学生会反常态，变得孤僻古怪，不合群，脾气暴躁，常常顶撞父母和老师，甚至逃学拒读、离校出走，或者出现暴力行为、吸毒、酗酒、性行为错乱等。

成长链接 ▶

1.自杀危机学生的识别

对于产生了自杀意念的学生来说，在采取自杀行动前通常会在情绪、认知和行为有所表现。

（1）有自杀意念的人在认知上通常会认为他所面临的困境（事实上的或想象中的）是绝境，是无法逃避、无法忍受、无法改变、永无止境的。因而，他们认为，自杀是唯一能解决问题的方法。

（2）有自杀意念的人在情绪上通常会有强烈的孤独感、无助感、矛盾冲突感，以及希望马上结束自己生命的愿望。

（3）谈论过自杀方法，并收集有关自杀的信息，或在谈论自杀问题时有意回避。

（4）情绪突然明显异常，如特别烦躁、高度焦虑、恐惧、易感情冲动或情绪异常低落，或情绪突然从低落变为平静，或饮食睡眠受到严重影响等。

（5）出现不明原因地给同学、朋友或家人突然送礼物、请客、赔礼道歉、述说告别的话等。

2.关于自杀行为的错误论断

（1）谈论自杀的人不会伤害自己，他们只是想引起别人的注意。

解析：错。在遇到某人谈论自杀的念头、企图或计划时，应当采取一切必要的防范措施。所有可能构成自残的威胁均要认真对待。

（2）自杀往往是一时冲动，没有任何征兆。

解析：错。自杀看上去可能是一时冲动的结果，但也可能是经过一段时间的酝酿。许多自杀者会通过口头或行为来传递他们意图伤害自己的信息。

（3）自杀患者确实想死或是一心求死。

解析：错。大多数想自杀的人都会至少跟一个人交流过他们的自杀想法，或者给一个朋友、亲人打电话及拨打过紧急电话，这正是他们犹豫不决的证据，而非一心求死。

（4）当一个人显示改善迹象或自杀未遂，他就脱离危险了。

解析：错。事实上，最危险的时刻正是在危机刚刚过去的那一刻，或自杀未遂后住院治疗的这段时间。出院后的一周是人最脆弱的时期，仍处于自我伤害的危险中。因为过去行为是未来行为的征兆，所以自杀患者仍处于危险的边缘。

（5）自杀往往是遗传的。

解析：错。并非每起自杀事件都和遗传有关，这种研究结论很不全面。然而，家族中有人自杀的历史则是自杀行为很重要的一个风险因素，尤其是在普遍患抑郁症的家庭中。

（6）自杀患者或有自杀企图的人都是精神疾病患者。

解析：错。自杀行为与抑郁症、酗酒吸毒、精神分裂及其他精神疾病有关，同时还与破坏性或好斗性行为有关，但是我们不应高估这些方面的联系。这些症状的相对比例在各地区各不相同，有些自杀事件中精神异常现象并不明显。

（7）如果与想要自杀的人谈论自杀问题，则是在给他进行这样的提示。

解析：错。很多人都有这样的担忧。事实上，想要自杀的人可能比你更想谈论自杀，不要担心启发效应。我们要知道，无论是精神科医生，还是心理治疗师，遇到的最大困难不是如何采取有效行动让一个想自杀的人悬崖勒马，而是很难在第一时间发现有自杀风险的人。因为这些具备专业知识的人并不知道有自杀风险的人在哪里。我们在与他们谈论的过程中可以建议他们求助专业工作者，在危险时刻也能直接联系监护人或救助机构，最大可能地保护生命。

（8）自杀只会发生在另外一类人身上，不会发生在我们身上。

解析：错。自杀会发生在任何人群、任何社会制度和任何家庭当中。

（9）一旦一个人尝试过自杀后，他绝不会再尝试第二次。

解析：错。事实上，自杀企图正是自杀的重要征兆。

（10）儿童不会自杀，因为他们不懂得人终有一死，而且从认知角度来看，他们也无法执行自杀行为。

解析：错。尽管很少见，但的确有儿童自杀的情况，因此应该认真对待任何年龄的求助者。

模块四

守护心灵之光：大学生心理危机预防与干预

一、大学生心理危机预防

（一）大学生自身对自杀危机的防护

1. 关注自己的心理状况，认识自杀危机的征兆。如自身有言语、身体、性格、行为等方面的反常表现，应尽早觉察、自我调适，将自杀念头化解或消除。

2. 充分利用合适的资源。例如，发现自身存在自杀危机后，我们应充分利用身边合适的资源，包括内部资源，如个人的、心理的；外部资源，如环境、家庭、朋友的，对自身的危机处境进行介入或转化。如果这些资源都匮乏，那就必须增加外界的支持和帮助，积极地应对危机。

（二）大学生对他人自杀危机的防护

珍爱生命，既要关注自身，也要关怀他人，我们要用自己的知识和智慧来关怀那些有心灵困惑的同学和特殊的弱势群体，帮助他们走出成长历程中的生命困惑期。有人把大学生自杀危机干预称为"拯救蝴蝶行动"，作为生活在大学校园中的一员，我们都应该加入"拯救蝴蝶"的行列中。

1. 关怀与鼓励。与企图自杀的学生保持密切的联系，鼓励他与他人建立关系，并将自己所面临的困惑与问题向他人倾诉，寻求解决之道。

2.联系与支持。与企图自杀者的家人、同学、亲近的朋友保持联系，组成一个关心与支持的网络，共同帮助自杀者应对危机，开导其用乐观向上的态度面对问题。

3.安全的环境。留意企图自杀学生周边环境中的危险物品，如刀子、安眠药等，尽量使他住在一个安全温暖的环境中。

4.监护与陪伴。应做好对企图自杀学生的监护与陪伴，不能留他一人独处或让他接近较为危险的环境，如窗口、楼梯口等。

5.及时汇报。如遇企图自杀的学生突发自杀事件，请及时与老师和学校有关部门联系，以便随时对发生的危机事件进行干预。

（三）高校对学生自杀危机的防护

高校大学生自杀事件频发，这给高校的教育工作提出了十分严峻的挑战。重视对大学生的心理健康教育，预防大学生自杀危机，构建一个全面的心理危机干预网络迫在眉睫。高校对学生自杀危机的防护工作可以从以下几个方面开展：

1.建立危机预警机制。

2.利用电话网络建立学生与家庭，学校与有关部门，老师和同学的联系，随时准备为处于危机状态的学生提供帮助。

3.在危机处理中，家庭、老师和同学及周围的其他人员是直接影响问题解决、恢复当事人心理稳定的重要因素。家长、老师和同学都要有危机干预意识，对发生的危机进行及时干预。

4.建立突发危机事件后的专家支持系统，做好对危机事件的目击者及当事人家长应激后的心理创伤干预工作。

二、大学生心理危机干预

（一）心理危机干预概述

心理危机干预是指运用心理学等方面的理论与技术对处于心理危机状态的个人或人群进行有目的、有计划、全方位的心理指导、心理辅导或心理咨询，以帮助平衡其已严重失衡的心理状态，调节其冲突性的行为，降低、减轻或消除可能出现的对人和社会的危害。

（二）非专业人士的大学生可以做些什么

从上述心理危机干预的概念我们能够看到，心理危机干预工作是一项非常专业的工作，需要专业工作者在具备专业知识与技能基础上进行的。但是我们需要看到，往往需要危机干预的对象不能第一时间与专业的心理工作者接触。所以大学生学习一些简单的危机干预知识与技巧，也能在学习、生活中做一些力所能及的事情，帮助周围可能处在危机中的人。下面介绍四个简单而有效的陪伴危机个案的小技巧：

1.一杯温水。处在危机状态下的人的情绪是混乱而失衡的，在陪伴他们的过程中，递一杯温水，能够给他们一种温暖而有力量的感觉，在一定程度上缓解焦虑、抑郁或其他负性情绪。陪伴者自身要保持自己情绪的稳定性，不受危机者的影响。

2.一张纸巾。当危机个案哭诉的时候，陪伴者不要阻止他们哭泣，递一张纸巾，陪伴他们用哭泣的方式去发泄情绪。

3.少说多听。在陪伴危机个案的时候切忌讲大道理，做出评判，甚至指责危机者。这个时候做一个最好的倾听者，甚至不说话，默默陪伴，对于危机个案来讲，也是很有力量的。

4.建议求助专业工作者。在陪伴危机个案的过程中，如果发现处于危机中的个案异常痛苦，甚至有伤害自己的想法或行为时，我们要建议危机个案求助专业工作者。

三、大学生心理危机自我调适

大学生心理危机自我调适的目的在于从自身的角度出发来解决危机，调整情绪，使自身的功能恢复到危机前的水平。

（一）了解问题的根源

改变环境的第一步就是要充分了解问题之所在。虽然个体在危机中会陷入莫名其妙的恐惧和不知所措的境地，不知道发生了什么事，也不知道将来可能发生什么事，但可以肯定的是，能够从那些过去有类似经历的人的经验中得到帮助。人们还可以向处理危机问题的专家请教，或从有关书籍中寻找解决问题的办法。

（二）积极调整情绪

危机的出现显然会使人们极度紧张和沮丧，这些情绪反应不但表现为内在的、强烈的不适感，而且消极的挫折体验将使危机进一步恶化。因此，调整情绪的中心环节就是要培养承受这些痛苦感受的能力。调整情绪会使焦虑导致恐慌、沮丧导致失望等情绪的恶性循环得到控制。当危机超出我们的控制能力，以及我们无力改变外部事物时，把握自己的情绪更为重要，此时，将注意力集中在努力调整自己的情绪上，将会取得很好的效果

1.分散转移。情绪调整包括抑制、分散等回避痛苦的方法，这些方法能转移人的消极思想和情绪，为个体的心理重建赢得时间。抑制在一定程度上是自动的过程，不

过，我们也可以有意识地控制它，比如提醒自己"别想它了，想点别的吧"；分散则是指不断地做事，不去关注那些痛苦感受。分散转移的主要目的是回避痛苦的现实，只是为了分散痛苦，而不是解决特定问题。

2. 找人倾诉。向别人诉说自己的情感、往事和痛苦的经历能使悲伤变得可以忍受。人类是社会性的动物，当遇到痛苦时，把痛苦告诉你的伙伴将大有裨益。在大多数危机中，需要一遍又一遍地诉说痛苦，才能使开展心理调适工作所需的信息被获知。每一次的诉说都相当于痛苦的再体验，因此，人们就会慢慢地不那么恐惧了。重要的不是给危机中的大学生提供建议或分担痛苦，而是在他们体验极度恐惧、紧张时和他们在一起。这意味着我们可以帮助他人控制情绪，但不要刻意减弱、伪装情绪。

3. 良性的自我对话。使强烈的、痛苦的情感变得可以忍受的一个普通而有效的途径就是良性的自我对话。良性的自我对话在帮助人们超越不能忍受的痛苦时非常有用，运用它不会让人感到彻底的崩溃和失控，而且痛苦的感觉越强烈，努力说服自己的自觉性就越高。不过要注意在对话过程中不要采用消极的想法，如"我过不了这一关"，"这太可怕了，我快疯了"，"我太孤独了，没有人帮助我、理解我"……调节沮丧情绪的积极想法应该是这样的："我能够解决这个问题"，"我以前也曾遇到过困难的情境，并且最终克服了困难"，"不会再有更可怕的事情了"……这类自我对话的目的是去除灾难性的想法，减少人们承受压力时耗费的心理资源。

（三）建立良好的人际关系

在危机期间和危机过后，个体都需要与周围的人保持良好的人际关系，不一定是要求他们提供强烈的情感支持，而是与他们保持日常的联系，共同分享经验，共同面对问题。这有助于遭受危机的个体重新适应社会，还可以分散他们的注意力，使他们不再为消极紧张的情绪所困扰。这种良好的人际关系可以表现为与朋友一起散步、听音乐等。

（四）面对现实，正视危机

在危机的前期，人们习惯于采取积极的态度来应对危机，利用一切可以利用的资源来避免危机带来的损害。但到了危机的后期，当个体积极应对危机的策略失败，个体感到绝望时，他们就会消极地逃避现实，采取退缩的策略来应对危机，他们不愿意承认现实情境，常常歪曲现实情境，以此来避免危机带来的损失。面对现实，正视危机，有利于激发自身潜能，动员一切资源来寻求解决危机的办法。

寻找人生使命的 20 种方法

你曾经不知道自己长大成人后要做什么？其实不必为此烦恼，我们可以找到自己的人生使命，让我们从现在开始做起。

1. 忽视未来，关注现在。"长大以后我应该做什么？"这个问题是无效的。你应该问："今天我要做什么？"人们每天都会进步，我们每时每刻都在成长，所以我们今天做的事情最重要。

2. 多多尝试。除非你试穿过某套衣服，否则你永远不知道这套衣服是否合身。无论是职业、爱好、嗜好还是技能，你都需要用同样的方法去对待。要想知道你真正喜欢的口味，请亲自品尝。

3. 把握奇特的机遇。接受令你感兴趣的东西，而不是令你厌烦的东西。

4. 发现问题，解决问题。制订解决方案，这会让你的工作更有意义。应对某个需要解决的问题，如同对付某个势必面对的恶棍，这能让你成为英雄。

5. 抛开你的计划。你的生活将不会按照计划进行，没有人能够如此。所以，即使你偏离了人生轨道，也不要为此担心。无论如何，人生轨道只是想象中的场景。

6. 不要遵循别人的梦想。你的父母希望你成为张三，你的老板希望你成为李四，你的朋友希望你成为王五，社会希望你成为赵六。你不能取悦每一个人，但是你如果做了自己认为应该做的事情，至少你可以在晚上安然入睡。

7. 发挥你的才华。不要从事只需要利用一种技能的工作，而要找到一种能够让你发挥多种才能的工作。你会在工作中脱颖而出，并对自己取得的成就感到更加满意。

8. 寻找你真正喜欢的人。比起与一个成员之间性格不合的团队共同设计摩天大楼，与志同道合的朋友一起挖沟更令人感到满意。

9. 允许你改变自己的想法。我们大多数人都会在 18 岁左右选择自己的人生道路。随着时间的推移，你可能会发现新的事物，探访新的地方，认识新的朋友，并且很可能需要改变在 18 岁时制订的人生规划。

10. 询问长者的意见。老人见多识广，经历丰富。你会从他们身上发现，幸福感和满意度更多地与热爱和志向有关，而不是与金钱和财富有关。

11. 在图书馆漫游。你永远不知道，书架上的哪本书、哪位作者和哪个主题会让你受到启发。你可能会发现那些你甚至都不知道自己在寻找的答案。

12. 寻求支持，而非宽容。无论做什么事情，你都需要得到帮助。确保在你告诉朋友你的梦想时，他们会支持你的立场，而不是点点头说"听起来还不错"。

13. 先花时间再花钱。先花时间阅读材料、与人交流和发现事实，然后再决定花大量金钱攻读学位、获得证书和搬家。你可能会发现，你并不一定需要为了谱写自己的未来人生而自掏腰包。

14. 不要把工作和志向混为一谈。如果你努力工作是为了养活自己的家人，那么家人就是你真正的老板。如果你努力工作是为了实现目标或理想，那么就不要让你的薪水（尽管报酬丰厚）成为实现理想的障碍。

15. 考虑你的墓志铭，而不是你的简历。从长远的角度思考问题，有助于你看清生活中重要的东西和愚蠢的问题。

16. 没有必要成为精英。世界上只有极少数人能成为最优秀的精英。尽最大的努力做好你的工作，并不意味着必须成为精英人士，努力做到最好已经足够了。

17. 不要计较得失。没有人会永远处于人生的高峰或低谷，你视为竞争对手的人也是不断变化的角色。如果你不在意这些，那么计较得失可能会成为人生的全部意义，这是消磨时光的可怕方式，更不用说消磨你的人生。

18. 如果你发现自己在走下坡路，那么有必要改变人生方向。人们很有可能在简单轻松、价值模糊的人生道路上挣扎，比如从事赚钱容易或要求不高的工作时。如果你觉得自己在走下坡路，那么应该及时改变方向，因为随波逐流会离你的梦想越来越远。

19. 保持率直的真性情。坚持你热爱的事情，即使别人嘲笑你的选择。

20. 放松心情。人生没有正确的答案，但是有成千上万种可行的方案。

···● **青春 训练营** ●···

一、感恩练习

美国加州大学心理学家柳博米斯基在系统研究了 51 份如何提高幸福感的调查报告后，归纳出了五个幸福要素：懂得感恩、乐观思考、记录下幸福的事、发挥你的强项和多多行善。可见，懂得感恩，可以提高自己的幸福感。请你完成以下练习。

1.记录感恩

尝试带着感恩的心情和满足的体验，想一想在过去的一个月里令你感动的三件事，简单地记下来。

（1）

（2）

（3）

2.思维发散，换位思考

（1）我的父母辛苦吗？

（2）父母为我付出了什么？

（3）我为他们做过什么？

（4）他们希望我做什么？

（5）我能为他们做什么？

（6）我愿意这么做吗？

（7）什么时候做？

（8）爸爸 / 妈妈，我想对你说：

专题十 规划职业 成就未来
——大学生的求职择业与心理健康

课堂 在线

心路历程绘图活动

借由绘制个人生命线路图，助力参与者审视过往的重要时刻与情感体验，思索它们对个人成长的意义，同时设想未来目标与潜在考验，以增强自我了解和心理平衡。

准备材料

1. 白纸一张。

2. 彩色笔两支：亮色与暗色各一支。

操作步骤

1. 开场介绍：简述活动内容与意图，说明此活动对心理成长的益处。

2. 起始作图：在白纸上绘一条直线代表生命轨迹，并为其加上方向箭头。线的起点标"0"，终点旁注明预期寿命。

3. 当前年龄定位：在线上找出并标出自己的当前年龄。

4. 回忆往昔：回顾生命中的重大事件。愉悦的事件用亮色笔标于线上方，悲伤的事件用暗色笔注于线下方，位置对应事件发生年龄。

5. 展望未来：在线的右侧部分，记录未来的目标和规划，并尽可能注明预期时间。乐观的预期用亮色笔在上方标注，潜在的困难则用暗色笔在下方示意。

6. 内省与分享：思考过去如何塑造现在的自己，并设想未来如何实现目标与应对挑战。与他人交流各自的生命线路图，共同探讨与鼓励。

7. 活动时长：预计60分钟，涵盖介绍、绘图、思考与分享环节。

8. 反馈环节：活动尾声，邀请每位参与者简述感想，可围绕以下几点：绘图过程中你有什么发现与感悟？你是否明确了未来的追求方向？你是否更深入地理解了自己的过往？

探索未来的旅程：职业生涯概述

能量包

　　徐某，一位23岁的山东某大学新闻系高才生，在学业和实习方面均有卓越的表现。她不仅连续三年获得奖学金，还在多个社团担任领导角色，显示出优秀的组织和人际交往能力。

　　然而，当大四学生纷纷讨论未来就业时，徐某颇为自信，甚至有些轻视这个话题。她立志成为一名"胸怀理想"的记者，并为自己设定了高标准的就业目标：只考虑地市级以上的媒体或单位。她曾自信地表示，即便不能在济南的媒体立足，也有信心加入一家大型杂志社。但如今回想起来，她苦笑着承认，当时的自己过于高估了实力，对现实的残酷性认识不足。

　　春节前夕，其他同学们都在积极准备简历，徐某却淡定地在图书馆看书。她认为，媒体行业通常在春节后才开始招聘，以自己的能力，找工作并非难事。但到了3月招聘高峰期，徐某开始投递简历并参与面试时屡屡碰壁，未被录用。

　　几经挫折后，徐某开始自我怀疑，并感到慌乱。她意识到自己的职业规划可能存在问题，于是开始调整期望，放弃了成为媒体人的梦想。虽然当时校园招聘正酣，也有不少机会向她招手，包括一家中外合资企业的文秘职位，但徐某总是期待更好的机会，结果错失良机。

　　随着毕业日期的临近，徐某的压力与日俱增。此时，大规模的招聘活动已接近尾声，企业的招聘要求越发严苛，不是要求有丰富的工作经验，就是要求研究生学历。徐某陷入了迷茫和彷徨，甚至做好了最坏的打算：如果找不到工作，就去超市做销售员或到饭店当服务员。

　　在毕业前的半个月，徐某终于收到了一家广告公司的邀请，担任文案策划工作。尽管这份工作并不完全符合她的期望，但她还是选择了签约。徐某深刻地反思了自己的求职经历，她感慨地说："机会总是留给有准备的人。最初的我太过自信，没有认清自己的定位，对就业的准备也不够充分。"这段求职经历让她更加成熟和理性，不仅更清晰地认识了自己，也对社会有了更深刻的理解。

【扬帆起航】最初对自己的能力和前景非常自信，这在一定程度上能起到积极的作用，但过度的自信也导致了她对就业市场的误判。有效的职业生涯规划需要建立在对自身能力、兴趣、价值观以及市场需求的准确认知上。

一、职业生涯规划概述

职业生涯规划（简称"生涯规划"）是在对一个人职业生涯的主客观条件进行测定、分析、总结的基础上，对自己的兴趣、爱好、能力、特点进行综合分析与权衡，结合时代特点，根据自己的职业倾向，确定最佳的职业奋斗目标，并为实现这一目标做出行之有效的安排。简单来说，生涯规划就像是一份生命的蓝图，指导我们如何一步步实现自己的梦想。

（一）职业生涯的五个阶段

舒伯认为人的职业生涯发展分为五个阶段，我们可以借助这些阶段来更好地理解自己的生涯规划。

第一个阶段：成长阶段（0~14岁）

在这个阶段，我们逐渐辨认周围的事物，意识到自己的兴趣所在，并学会一些最基本的技能。虽然我们现在已经不再是儿童，但回顾这段成长经历，有助于我们重新发现自己初始的兴趣和梦想。

第二阶段：探索阶段（15~24岁）

这是我们目前所处的阶段。青少年通过尝试不同的职业活动，探索自己的能力和职业倾向。这个阶段的任务是发现自己的潜力，并开始为未来做出初步的职业选择。所以，请大胆尝试各种课外活动、实习机会和兼职工作，因为这些都能帮助你了解自己的兴趣和能力，更好地进行职业生涯规划。

第三阶段：建立阶段（25~44岁）

这一阶段，我们将开始选择适合自己的职业领域，并在工作中稳定下来，展现自己的创造力和技能。虽然目前我们还未进入这个阶段，但现在的努力和探索将为未来的职业发展打下坚实的基础。

第四阶段：维持阶段（45~64岁）

一旦我们在某个领域有所建树，这一阶段的任务就是维持自己的成就。虽然距此阶段还很遥远，但拥有良好的职业规划，能够确保我们在未来的职业生涯中不断进步。

第五阶段：衰退阶段（65岁以上）

由于生理和心理功能的衰退，个人职业角色的分量逐渐减轻，开始考虑退休和晚年生活。虽然退休似乎遥不可及，但规划未来的退休生活，也有助于我们更好地规划现在的职业生涯。

（二）内职业生涯与外职业生涯

在进行职业生涯规划时，我们需要同时考虑内职业生涯和外职业生涯。

1. 内职业生涯

内职业生涯指的是从事一项职业时所具备的知识、观念、心理素质、能力和内心感受等因素的组合及其变化过程。它涉及我们个人的发展和成长，如自我认知、能力提升和心理调整。在这个过程中，不断反思和学习是关键，因为只有不断提升自己，才能在职业生涯中不断前进。

2. 外职业生涯

外职业生涯是指从事职业时的工作单位、地点、内容、职务、环境、待遇等因素的组合及其变化过程。它涉及我们所处的外部环境，如工作岗位、公司文化和行业趋势。在进行生涯规划时，我们不仅要关注自身的成长，还要考虑外部环境的变化，及时调整自己的职业规划。

成长链接▶

工作的三种不同境界

张明在职业生涯中经历了多次跳转，从广告公司到房地产公司，再到网络公司，他始终在寻找新的机会。李涛则选择了一条不同的道路，他加入了一家知名外资企业的人力资源部门，并在两年后成功晋升为经理。不仅如此，李涛还决定在职期间继续深造，攻读人力资源方向的MBA，以进一步提升自己的专业素养。而王辉则踏入了政府部门，从基层开始锻炼，两年后成功调入部委工作，开始了他的仕途。

张明似乎一直处于"找工作"的状态，不断地在不同的行业和职位间转换，寻找最适合自己的位置。而李涛，他已经在职场中找到了自己的定位，并正在努力打造一条属于自己的职业发展道路，他不仅在实践中积累经验，同时也在学术上不断充实自己。王辉则已经开始构建和经营自己的长远事业，他将工作视为一种使命，全身心地投入其中。

由此，我们可以看出，工作其实有着三种不同的境界。第一种是"求职"的境界，像张明一样，为了谋生而不断寻找工作机会；第二种是"职业"的境界，如李涛那般，找到适合自己的职业方向，并为之不断努力；第三种则是"事业"的境界，就像王辉一样，将工作视为一种使命和责任，全身心投入，以期达到更高的成就。

这三种境界并不是孤立的，而是一个逐步演进的过程。每个人都可能从"求职"开始，但随着时间的推移和经验的积累，我们都有可能进入"职业"甚至"事业"的境界。关键在于我们是否能够找到真正热爱的事业，并为之持续努力和奋斗。

二、职业生涯规划的意义

（一）打开自我认知的闸门

职业生涯规划这个词听起来也许有点枯燥，但它绝对是我们开启成功大门的金钥匙。

职业生涯规划首先有助于我们认识自我、了解自我和完善自我。大学生们经常会遇到的困惑是"我到底想做什么""我究竟能做什么""就业市场现在是什么状况"。这些问题如果不解决，就像迷失在茫茫大海中的一艘小船，无论如何划船都找不到方向。通过职业生涯规划，大家会更清晰地认识到自己的兴趣、性格和能力，并根据这些认知来制定明确的人生目标。这不仅能够使我们的大学生活更加充实、丰富，还会提高我们的综合素质，为未来的发展打下坚实的基础。

（二）打开机会之门

当我们对自我有了更全面的了解，接下来的步伐就是认识职业和就业环境。这个过程相当于为我们推开了现实世界的大门。一旦了解了哪些职业符合我们的兴趣和能力，以及当前的就业环境和市场需求，我们就能够更合理地进行职业选择和制订就业计划。

有这样一个有意思的比喻。你可以把职业生涯规划看成是一场旅行。选择目的地（职业目标）之前，我们需要做足功课——了解地理环境（就业环境），选好交通工具（自己的技能和资源），最终我们才能放心地踏上旅程，避免在旅途中迷路或遭遇不测。

（三）四个"定"法助力职业成功

职业生涯规划不仅仅是对未来工作的预设，更是我们在大学期间学习生活中的重要指南。通过对未来职业的设想与规划，我们可以更好地解决职业生涯中的"四定"问题——定向、定点、定位、定心，从而尽早明确职业目标，选择合适的职业发展区域，把握自己的职业定位，保持稳定和积极的心态。

1.定向：明确职业目标

定向是职业生涯规划的第一步。明确未来的职业目标，能够帮助我们集中精力，把时间和精力投入到真正有意义的地方。职业目标不仅仅是一份工作或职位，更是我们未来的奋斗方向。正确的职业目标能够引导我们选择合适的课程、参加相关的社团和实习项目，提高相关的技能和知识储备。

2.定点：选择职业发展的地域

职业生涯规划让我们不仅仅局限于某一特定地点，而是放眼整个职业发展的广阔天地。根据自己的职业目标和市场环境，可以选择适合自己职业发展的城市或地区。选择合适的地域，有助于充分利用当地的资源和机会，找到更加符合自己职业预期的岗位。

3.定位：把握职业定位

职业生涯规划能够帮助我们在激烈的就业市场中找到适合自己的职业定位。通过分析自己的性格、兴趣、技能和市场需求，我们能够确定自己在职场中的优势和短板，找准自己的职业定位。这样一来，我们就可以避免因为迷茫而浪费时间和机会，专注于提升自身的竞争力。

4.定心：保持平稳和正常的心态

职业生涯规划让我们更清晰地了解自己的未来职业路径，从而保持平稳和正常的心态。在大学期间的学习和生活中，难免会遇到挫折和挑战，而明确的职业规划能够帮助我们坚定目标，不断调整和优化自身，始终保持积极向上的心态，为实现职业梦想而努力。

（四）提升综合素质，赢在起跑线

想象一下，你现在是一架飞机，通过职业生涯规划这套"导航系统"，你不但能准确地找到目的地，还能在飞行过程中不断地微调，确保飞行稳定和高效。职业生涯规划的训练可以帮助我们全面提高综合素质，避免学习的盲目和被动。当我们在知己知彼的状态下不断前行，不仅能节省时间和精力，还能少走弯路。

除此之外，这个过程还能对我们产生内在的激励作用。设定清晰的阶段目标和终极目标，会激发我们的学习和实践动力，使我们在实现目标的过程中不断进步。

（五）在黄金阶段做出关键决策

根据萨珀的职业生涯发展理论，大学生处于职业生涯的探索阶段，18～24岁正好是个体能力飞速提高、职业兴趣逐步稳定的时期。在这个时期，我们需要为未来职业生涯做出关键性的决策，这无疑是职业生涯规划的黄金阶段。

高职学生与传统的大专或者本科生相比，具备更强的技能优势和实践能力，但是也可能因缺乏系统的职业规划，从而在毕业时面临一些困境。职业生涯规划可以帮助我们在高职阶段就明确自己未来的职业走向，防止陷入"毕业即失业"的窘境。

三、大学生职业生涯规划常见的问题

（一）职业生涯规划意识淡薄

许多人在填报高考志愿的时候，并没有认真考虑专业对未来发展的影响。进入大学后，即使有些学校开设了生涯规划课程，但不少学生把它当成一门普通学科，上课往往只是为了完成课程作业。随便定下职业目标，随便制定职业策略，结果显而易见！

那么怎样才算是真正树立了职业生涯规划意识呢？记住，职业规划不是一时兴起，它需要持久的思考与行动。你需要明确知道自己对哪类工作感兴趣，对自己性格、职业能力有一个清晰的认识，并且设定实际可行的短期、中期和长期目标。这样，你才能更好地看清自己的职业发展方向。

趣味心理

登楼之旅

有对兄弟，家位于一座80层的高楼。某次旅行归来，他们发现整栋楼都停电了。尽管行囊沉重，但别无选择，只能徒步上楼。哥哥提议："我们爬楼梯回家吧。"于是，背着沉甸甸的行李，他们开始了漫长的攀登。

当爬到20层时，疲惫感袭来，哥哥提议："行李太重了，我们先放在这里，等来电了再乘电梯来取。"兄弟俩如释重负，继续向更高楼层进发。

他们边聊边爬，气氛轻松愉快。然而，好景不长，到达40层时，疲惫感再次袭来。想到还有一半的路程，两人开始互相指责，抱怨对方没有注意停电通知，才导致如此困境。

一路争吵，他们艰难地爬到了 60 层。此时，两人已筋疲力尽，连争吵的力气都没有了。弟弟提议："别吵了，我们继续努力吧。"于是，他们默默地继续攀登。

终于，他们到达了 80 层！然而，当兴奋地走到家门口时，他们惊愕地发现，钥匙竟然落在了 20 层的行李里。

【扬帆起航】这个故事深刻地映射了我们的人生旅程。在 20 岁之前，我们在家人和老师的期望下成长，背负着沉重的压力和期望，由于自身的不成熟和能力不足，步伐难免显得有些蹒跚。过了 20 岁，我们逐渐摆脱了他人的期望，开始轻装上阵，全心投入追求自己的梦想，享受了 20 年的自由与奋斗。然而，到了 40 岁，我们可能会意识到青春的流逝，开始感到遗憾和后悔，于是陷入无尽的抱怨和惋惜中，又度过了 20 年。当我们步入 60 岁，意识到生命无多，便会告诫自己停止抱怨，珍惜当下。

（二）职业目标与专业冲突

先来个实例——小明想当机械工程师，但为了赚一把快钱，他大学期间开了网店。这就产生了矛盾：赚钱的短期目标与机械工程师的长期目标完全不搭边。小明的时间、精力完全被网店吸走，机械相关的知识和技能培养却一拖再拖，他的长期目标最终也只能成为泡影。

有些同学选择专业并非出于兴趣，长时间下来，兴趣与专业严重错位，这无疑导致了学习精力的分散和冲突。解决这个矛盾的关键在于找到个人兴趣同专业之间的交集，可能需要你多与老师和辅导员交流，你并不需要一成不变，但需要有个过渡的过程去适应和调整你的职业生涯目标。

（三）不善规划职业生涯

直击要害，那些知晓职业生涯规划的同学也不一定能够合理规划。比如，自我认识不足，制定目标过远或者过低。更何况，目标制定了一次之后，不进行后续的评估和调整，也是让人头疼。

职业生涯如同一场长跑，需要不断调整步伐与方向。你需要实事求是地了解自己，根据现实不断调整职业目标。与行业前辈交流，获取反馈，确保自己的职业路径始终与实际情况相吻合。

（四）过于依赖职业测评和他人意见

现在市场上有很多职业测评工具，大学生普遍会使用这些工具来评估自己的职业规划。如果你过于依赖这些测评结果，把它们当成"定乾坤"的答案，那么只会让你对未来的职业道路产生盲目乐观或过度悲观的情绪。

职业测评固然重要，但它只是一个辅助工具。请相信自己的直觉和兴趣，通过实际体验和实践去验证。而他人的意见也是参考的角度之一，但独立思考不可少，毕竟没人比你更了解自己。

（五）拖延症

很多学生认为，职业规划是高年级的事，低年级的时候可以先玩一玩，等到大四再来规划也不迟。这无疑给自己的职业生涯挖下一个大坑。

尽早开始职业生涯规划，这样你掌握的时间和资源会更多。低年级可以通过了解和探索，逐步明确自己的兴趣与优势，避免到了大四面对艰苦的就业环境时，临时抱佛脚，白白浪费了大学时光。

（六）务实主义与盲目追求

近年来，大学生的职业价值观越来越务实，许多人渴望高收入、体面的工作，忽视了个人兴趣与职业价值观的匹配。大家啃老本、追求事业单位或国企，私营企业反而吸引力不足。

务实没有错，但也别忘了寻找与自己价值观和兴趣相匹配的工作。我们工作不仅是为了赚钱，更是为了实现个人价值。如果一味追求体面的工作，而忽视了兴趣和价值，那么工作体验可能并不愉快，职业发展也会受到限制。

选择的艺术：大学生择业心理

一、大学生择业心理内涵

择业，即选择职业，是每一个大学生在人生旅途中都必须迈出的关键一步。与就业仅仅为了"找一份工作"不同，择业则更注重职业选择的自主性和个人兴趣。在这个过程中，大学生的择业心理是一个复杂且多变的领域，包括气质、性格、兴趣、能力与价值观等诸多因素。

（一）气质与性格：不可忽视的基础

首先，气质与性格在择业心理中占据着重要位置。气质是指与生俱来的心理特点，它决定了一个人在不同情境下的反应方式。比如，有些人天生乐观，适合从事需要与人交往的工作；而有些人则内向谨慎，可能更适合需要专注的研究性职业。

性格则在后天的环境中逐渐形成，更加多样和可塑。性格可以影响一个人的职业选择。例如，开朗外向的人可能会向往人际关系密集的职业，如销售或咨询；而内向细腻的人则可能更偏向程序员或设计师这样的岗位。因此，了解自己的气质与性格特征，是进行职业选择的第一步。

（二）兴趣：职业选择的动力

谈到择业，兴趣无疑是另一个关键因素。兴趣不仅能带来工作中的满足感，还能促使我们投身于感兴趣的领域，进而不断提升自己的专长。比如，你如果对计算机编程充满兴趣，那么你很可能会选择相关的专业，并在未来从事与此相关的职业。

然而，兴趣并不是一成不变的。在大学阶段，我们有更多的时间和机会来发现和培养自己的兴趣。所以，此期间是一个试探和尝试的好时机。参与各种社团活动、实习工作以及短期培训，都有助于我们了解自己真正感兴趣的方向。

（三）能力：择业的核心竞争力

除了兴趣，能力也是择业中不可忽视的一环。能力包括你的知识储备、技能水平以及解决问题的能力。不同的职业对能力的要求各不相同，比如工程师需要扎实的专业知识和较强的问题解决能力，而管理者则需要出色的沟通与协调能力。

很多大学生在择业时常常忽略能力的重要性，认为只要有兴趣，就能胜任某一职业。实际上，没有能力的支撑，兴趣很难转化为职业上的成功。因此，在大学期间，专注于提升自己的专业能力和综合素质，为未来的职业道路打下坚实基础，是至关重要的。

（四）价值观：职业选择的指南针

最后，价值观在择业心理中扮演了一个指南针的角色。不同的人对于成功的定义不同，有些人追求财务自由，有些人则更看重工作与生活的平衡，还有一些人愿意为了社会公益奉献出自己的职业生涯。因此，了解自己的核心价值观，对于职业选择具有重要意义。

我们经常听到"钱不是一切"的说法，但在择业时，经济回报还是要纳入考虑范围。一个理想的职业选择，应该在经济收益与个人价值观之间找到平衡点。这样，工作的动力不仅来自物质满足，更来自心灵的共鸣。

大学生在面对就业与择业时，常常纠结于"先就业还是先择业"的问题。就业是我们为了满足生活需求的现实选择，而择业则是为了实现个人价值的理想选择。在这个过程中，主动性与计划性显得尤为重要。

若只是为了找到一份工作而随意选择，很可能会因为缺乏兴趣和动力而陷入职场倦怠。但是，如果我们有清晰的职业生涯规划，就能够在就业过程中，更加主动地选择那些符合自己职业目标的岗位，从而逐步迈向理想的职业之路。

二、大学生择业的常见心理特点

（一）对择业充满信心，积极参与

有一部分学生，他们如同精心策划过的剧目，角色明确，情节饱满。在校期间，他们就早早制定了职业生涯规划，并根据这些规划大胆付诸行动。他们不仅仅是按部就班地完成学业，还不断充实自己，提升专业素质，参与各种课外活动和社会实践。他们有一股不畏艰险的韧劲，遇到困难总能迎难而上，仿佛一群无所不能的小超人。这类学生在毕业面临择业时，清晰地知道自己的优势与不足，能冷静分析市场需求，做出理智的职业选择。他们的自信与积极不仅源自自身的努力，更源自对职业未来的美好憧憬。

（二）对择业过于悲观，依赖心理较重

然而，人生舞台上并非每个角色都叫好又叫座。还有一部分学生，他们有些像怯场的演员，迷茫，没有方向感。他们在校园时光中，没能好好利用每一个可以提升自我的机会。也许是对高职高专院校有着先入为主的糟糕印象，又或者是对未来的职业前景感到渺茫无望，有些同学刚入校，就认定了自己在就业市场上竞争力不足，再怎么努力似乎也不会改变什么。这种思想包袱，导致他们不愿积极参与职业生涯的规划，择业时更是无所适从，依赖家里的安排，期待学校的帮助，在奋斗的起点上就输掉了一半。

（三）择业功利心强

扮演这个角色的学生，会让人想到那些只顾追求光鲜靓丽的演员，他们一心希望演出后能大红大紫。择业时，他们往往眼光很高，只愿意接受那些知名度高、待遇优

厚的工作机会，瞧不上那些看起来没啥"面子"的工作，忽视了很多切合实际的就业机会。这类学生抱持着不切实际的期望，对自己的职业理想和实际情况没有清醒认识，在求职过程中不断碰壁，屡次失望。

（四）择业观念传统僵化，盲目从众

面子与稳定，在某些学生眼中是择业的硬标准。如同一场老套而无法出新意的剧目，他们完全按照传统观念行事，家长、社会、学校的期望成为他们择业时的重要考虑因素。比如，许多人以为在体制内就业比体制外就业更稳固、有面子。在这种思维的影响下，这类学生选择工作时，总是优先考虑那些有编制的单位，忽视了自身兴趣和职业发展。由此，他们的择业视野受限，盲目跟从大潮，错失了许多可能更适合自己的就业机会。

（五）元素多样，心理复杂

其他一些同学，他们的心灵如同万花筒一样多彩且复杂。或是出于家族企业的责任感，带着责任和压力择业；或是充满冒险精神，喜爱挑战和变化；又或是受到各种偶然因素的影响，择业方向随波逐流。每个学生都有独特的生长环境与心理特点，于是在择业时，呈现出百花齐放的多样性。

二、大学生择业常见的心理问题

无论是高考填报志愿，还是决定未来的职业方向，在人生的每个重要节点，我们总会面临一系列的选择。正当高职学生准备踏上求职之旅时，各种择业心理问题的表现如同一颗颗无形的炸弹，潜藏在内心深处，等待一触即发。

（一）焦虑心理

多数高中毕业生进入高职院校都是抱着一份憧憬与期待。然而，当毕业那一天来临，焦虑情绪便不断蔓延开来。有些同学日夜忧心，担心找不到理想的工作，害怕走入社会后如无头苍蝇，要与无数竞争者争得你死我活。焦虑促使他们常常胡思乱想，内心紧张烦躁，心神不宁，甚至影响面试表现。这种焦虑不只源于对未来的不确定，还来自对现有竞争环境的恐惧，他们害怕在这场游戏中成了输家。

（二）自卑心

在高职学生中，承认自己学历上的劣势是一件难事，而一旦习惯这种思维模式，心中的自卑感便如影随形了。自卑心理使他们对自己有消极的自我认知，认为自己在求职市场上处于劣势，无法与本科甚至研究生竞争。一旦遇到求职的失败或挫折，他

们就更加怀疑自己的能力，最终陷入恶性循环。这种心理状态使得许多人对自己的优势和发展潜力视而不见，总是畏首畏尾、逃避现实。

（三）自负心理

与自卑相对，另一批学生则进入了另一个极端——自负。自负学生通常盲目自大，认为自己各方面都优于他人，任何让步和妥协都是放弃自我。因此，他们不仅对薪资待遇要求高，对工作环境、发展前景都提出了极高的标准，甚至有些家庭条件好的学生在心理上对普通工作单位全然看不上眼，觉得自己的能力在普通工作中无法得到发挥。这种盲目自信，让他们错失了不少宝贵的工作机会。

（四）依赖心理

有人说，依赖是一种绑在背上的负担。事实确实如此。在高职学生中，不乏依赖心理严重者。他们往往缺乏独立自主的能力和意识，将求职的希望寄托在父母、老师或同学身上。他们时常在关键时刻依赖他人，如需要父母帮忙安排工作，或者躲在同学的身后，抱着"我跟你去"的心态一起求职。这种行为不仅增加了内外部的竞争，还阻碍了独立思考解决问题能力的提升。

（五）攀比心理

当我们处于求学阶段时，总会习惯性地将自己和同学进行比较。于是，一些成绩优异、荣誉较多的学生在求职过程中仍旧带着那种争强好胜的心态。他们以为过去的辉煌会帮助自己找到一个更好的工作单位，陷入攀比心态。然而现实往往十分残酷，用人单位评价人才的标准更多的是实际能力与岗位的匹配度，而非读书期间的成绩和荣誉。这种心理使得他们在无形中忽视了自己的真正优势，错过了不少适合自己的机会。

（六）嫉妒心理

嫉妒心理，顾名思义，是看到他人的成功时，内心涌动的不平衡感。高职学生在求职阶段也难以免俗。当同学找到了好的工作，而自己还在奔波中，他们容易感到恐惧、愤怒和不满，甚至因此产生心理上的失衡。这些同学有的会采取贬低、诽谤等手段，试图从中得到心理的舒适与满足。然而，这不仅使自己心理负担加重，也错失了调整自我心态、提高求职技能的重要时间。

（七）自择心理

"一事无成"的自择心理也是一种常见心态，常常表现为"这山望着那山高"。

他们在求职过程中，总觉得这个单位不顺眼，那个单位不如意，东挑西选，一次次错失适合自己的用人单位。这种心态不仅让他们总处于不满意状态，还影响了整个求职过程的效率。

在这个人才竞争日益激烈的社会中，高职学生择业心理的种种表现正是这场求职大战中不可忽视的问题。只有正确认识这些绊脚石，才能够立足现实，发挥优势，为未来的职业生涯打下坚实基础。

三、大学生择业常见的心理问题

（一）用"三板斧"探知自我，从内而外建立自信心

1. 内省法

电影里的超级英雄都是通过自我进化来变强大的，同理，优秀的你要内省觉察自己。试想下，最近一年来，你在哪些方面取得了进步？哪项技能变得炉火纯青？每天列个自我评估表格，将自己的成就和不足一一列出。不忘初心，方得始终，了解自己并积极改善，将极大提升自信心。

2. 横纵比较法

做个简易的 SWOT 分析图，横向比较自己与同学，纵向比较过去与现在，科学评判自己的优势与不足。小伙伴们，你们知道吗？通过这样的方式，可以有效避免幻想症与小鸟症候群，更能让你在择业赛道上高效、精准地狙击目标。

3. 测评法

当内省与比较无法解决所有疑虑时，心理测评量表千呼万唤始出来！试试霍兰德职业倾向测验、气质类型测验等，一起挖掘出你心中那份职业理想。当然，别一考定终身，只当参考，可结合职业咨询师的建议。

（二）大胆面对现实，三招让你愈战愈勇

1. 理性认识就业形势，调整心态

我们处在快速变换的世界里，大学毕业生逐年增多，竞争压力的确存在。但是，不要被"就业形势"吓倒。相反，它是促使我们目标坚定的动力。一切从实际出发，必能拨云见日。

2. 提升综合素质，为职场助力加持

"海阔凭鱼跃，天高任鸟飞。"只有在大学时光里打磨综合素质，才能在未来职场中得心应手。除了专业知识，我们要涉猎更多相关学科知识，参加社会实践，积极参与课外活动，成为一专多能的多棱镜型人才。

3. 锻炼心理承受力，穿越职场波折

职场道路不总是一路平坦，但每次坎坷都是你修炼心理承受力的好机会。保持豁达的心态，在失败时学会爬起，就会无惧职场的风浪。实践中，我们更能了解到用人单位真正需要什么样的应聘者。

（三）择业不迷茫，多渠道就业策略助你翱翔

1. 放宽择业思路，避免盲从

选择工作不是找恋人，不一定要一见钟情。先就业再择业，通过不断丰富自己的实践经验，寻找更适合的机会。先迈出梦想的第一步，再不断校准前进方向！

2. 灵活就业，不拘一格谋发展

有些小伙伴可能已经萌生了创业的梦想。好消息是，国家对大学生自主创业有不少优惠政策，助你在创业道路上再添双翼。不断收集创业信息，学习创业理论，磨炼实践技能，从求职者变身创业者，谁说未来不属于你？

（四）校园生活，更多心理调适元素

"书山有路勤为径，学海无涯苦作舟。"不只是学习，大学校园的丰富活动也是你心理调适的良好平台。平时多参加学校的志愿服务、社会实践、创新创业比赛等，锻炼组织协调能力、提升人际沟通技巧，同时还能缓解学习压力。

模块三

求职的钥匙：求职能力培养

一、求职前的准备

（一）事先了解应聘单位信息

首先，了解你的目标公司。你可以从网上认真浏览企业主页，搜索这个行业的相关信息。具体了解的信息可以包括：公司在行业中的排名，客户群和目标市场，主要竞争对手，当前的热门话题，公司的组织结构，老板及高管的背景。

这些信息不仅可以帮助你更好地理解企业文化，还可以在面试时自然地流露出你对公司的热情和向往。记住，不要过分表现，以免给考官留下卖弄的印象。比如，你可以说："我发现贵公司最近在医疗科技领域有很大的进展，尤其是你们的新项目健康云很有潜力。"

此外，有条件的话，求职者还可以参观公司，进一步了解实际运作情况。亲自体验一下公司的氛围，看看员工们的工作状态，这些经验都会成为你面试中的加分项！

（二）模拟面试练习

准备好应对面试官的提问是求职成功的关键之一。你可以考虑以下几种方式进行模拟面试练习：

找老师、家人或同学进行模拟面试。通过角色扮演，可以让自己习惯一对一的交流氛围，同时可以得到对方的反馈和建议。

鼓励自己在镜子前进行自我练习，观察自己的表情和姿态。你可以模拟常见的面试问题，比如"请介绍一下自己""你为什么选择我们公司"等。

利用各种线上面试工具进行模拟，体验全真模拟面试的感觉。这些工具可以自动生成面试问题，并在结束后提供改进建议。

在这个过程中，注意调整自己的语调和回答结构，避免过于紧张。有些求职者可能会提前准备好标准答案，但建议给自己留出一些发挥的空间，让回答更加自然流畅。

（三）准备面试服装

"人靠衣装马靠鞍"，面试时的形象给人留下了无言却极为重要的第一印象。一般来说，求职面试需要正装出席。男生可以选择西装外套搭配衬衫和领带，保持干净整洁；女生可以选择职业套装，再搭配一双细高跟鞋，注意妆容应以淡妆为主。不一定要去追求名牌或昂贵的服饰，关键是要展示出你对这次面试的认真态度和尊重。如果你是面试设计等创意类岗位，可以稍微放宽着装要求，但仍需保持得体和专业感。

（四）梳理个人简历

一份优秀的简历是打开求职大门的钥匙。求职者应该突出自己的亮点，比如实习经验、获奖情况、掌握的技能等；避开长篇大论，简明扼要地描述自己的经历和成就；注意排版，保持简洁清晰的风格，便于考官快速浏览。

简历最好包含以下几个部分：个人信息、职业目标、教育背景、工作经验、技能特长和获奖情况。在准备简历前，可以研究几份行业内的经典简历模板，结合自己的情况进行调整和修改。

（五）提前准备求职材料

除了简历，求职者还应该准备好其他必要的求职材料，比如：

个人陈述：这是对自己求职动机和职业规划的一段陈述，通常作为求职信的重要部分。写好个人陈述，可以使你在众多求职者中脱颖而出。

作品集：特别是对设计、广告、工程等专业的学生来说，作品集是展示你能力的重要工具。可准备电子版和纸质版，以备不时之需。

推荐信：如果你在学校有老师可以提供推荐信，或者你有实习经历，可以请实习单位的主管为你写推荐信。

（六）心理准备与自信提升

最后但同样重要的是，保持积极的心态和自信。求职是一个竞争激烈的过程，但你要相信自己的能力和价值。以下是一些方法：

看一些积极向上的视频或书籍，激发自己的动力；

参加一些讲座或者交流会，了解别人的求职经验；

和朋友们交流心得，互相鼓励。

记住，失败是成功之母，不要灰心丧气。每一次面试都是一次宝贵的学习机会，吸取经验教训，调整策略，迎接下一个挑战。

二、面试中的基本礼仪

（一）提前到场

对于面试，第一个锦囊便是——永远不要迟到！只需提前 10～20 分钟到场，就已足够提前了解环境、调整心态。这不仅展示了你的时间管理能力，还标示着对这场面试的重视程度。请注意，不要太早也不要太晚，过早可能打扰面试官的安排，而踩点进门又会显得你无视礼节。始终要记住，时间是一笔无价的财富，守时更是职场的黄金法则。

（二）细节成就完美

来到了面试场地，接下来是第二个锦囊——"门要轻敲，话要轻柔"。若办公室门关闭，请务必先轻敲门，得到允许再进入。注意开关门动作要轻缓，自然从容地进入面试场所。

进入后，礼貌地向面试官打招呼致意。不管他/她坐在哪里，记得眼睛要直视对方，切勿低头或者东张西望。称呼面试官时，以"先生"或"女士"加其姓氏最为得体。若不小心重名，也不必惊慌，只需讲清情况即可。待面试官请你坐下时，别忘了道声"谢谢"，然后优雅地落座。

即便面对一些无理的提问试探，也要保持清醒和理智。记住，冷静才是应对一切突发状况的万能药方。

（三）专注聆听与适当回应

面对面试官的提问和介绍，展示你最好的聆听技巧是下一个锦囊。首先，要注视对方，显示出你对话题的关注。其次，在对方介绍情况时，适时点头或简短回应，以示自己听懂且对信息感兴趣。记住，问话不宜打断，不宜抢答，这样会被认为急躁或不礼貌。

再说到回答主试者的问题，口齿要清晰、声音适度、言简意赅。如果一时没听清，可以礼貌地要求对方重复问题。如果遇到无法回答的问题，请务必如实告知，切勿不懂装懂。诚实比一切虚伪的完美答案更有价值。

（四）热情谦虚

面试中的另一关键点——举止文雅，态度积极。如果你能保持谦虚谨慎的态度，同时充满热情，你的面试成功率已经提高了一半。

在谈话过程中，眼神应适时地注视对方，避免显得漫不经心或缺乏自信。即使有意见分歧，也要冷静应对，保持不卑不亢的风度。态度上的积极热情，往往能够感染面试官，让他们感受到你的诚意和努力。

有位同事曾在面试结束后收到反馈，面试官表示她的积极态度和真诚笑容打动了他们，这也成为录用她的重要原因。因此，面试中请不要吝惜你的笑脸和热情。

（五）优雅告别，完美收尾

最后一个锦囊，是关于如何优雅地结束面试。面试临近尾声，面试官通常会询问你是否还有其他问题。这是你的机会，展示出你对这个岗位或这家公司的兴趣。可以适时提出几个你关心的问题，表现出你的主动性和深入思考能力。

起身离开时，别忘了微笑道谢，并礼貌地说声"再见"。这样的完美收尾，既能把自己温暖而专业的一面展现出来，也会给面试官留下一个好印象。

三、面试回答问题的技巧

（一）把握重点，简洁明了

面试时间有限，没人有耐心听你长篇大论。在回答面试问题时，一定要结论在先，议论在后。什么意思呢？简单来说，就是先把自己的核心观点表达清楚，然后再进行必要的解释和举例。这样既可以让面试官迅速抓住你的要点，又展示了你的逻辑思维和表达能力。

举个例子，面试官可能会问："你为什么选择应聘我们的公司？"最好的回答方式是先清楚地陈述你的主要原因，例如，"我认为贵公司的发展理念与我的职业目标非常契合"。随后，你可以补充说，"贵公司致力于创新，这一点非常吸引我。此外，公司的培训计划和员工发展机会也是我极为看重的"。

（二）确认提问内容，切忌答非所问

面试时，难免会遇到一些复杂的问题，如果你对问题不理解，千万不要胡乱回答。最好的方式是将问题复述一遍，比如："您刚才问的是关于我在项目管理方面的经验，对吗？"这样一来，你不仅能确保自己理解正确，还能有更多的时间去思考问题的答案。

另外，如果问题本身不是特别明确，你可以提出一些澄清问题。例如："您想了解的是我在团队合作中的角色，还是具体的项目管理技能？"通过这种方法，你不仅可以清晰地传达你的意图，还能展示你在沟通上的细致与耐心。

（三）有个人见解，有个人特色

在面试中，很可能同一个问题需要你回答若干次，这时候如何才能吸引面试官的注意呢？关键在于展示你的独到见解和个人特色。与其背诵互联网上的标准答案，不如结合自己的经历和感悟来回答。

例如，面试官可能会问："你怎样看待团队合作？"一个有个人特色的回答可以是："我认为团队合作不仅仅是分工协作，更重要的是互相支持和信任。在我之前的项目中，我担任的是团队协调员，除了协调工作，还会主动帮助团队成员解决他们遇到的困难。这让我深刻体会到，一个成功的团队不是由各自为政的人组成的，而是由懂得互相成就的人组成的。"

（四）知之为知之，不知为不知

面试过程中，如果遇到了自己不清楚的问题，一定要坦然面对，诚实作答。不懂装懂只会让你陷入更尴尬的境地，诚恳地承认自己的不足，反倒会赢得对方的尊重。

比如，面试官问道："你对最新的 AI 技术有什么看法？"如果你不熟悉这个领域，可以说："对不起，这个方面我目前了解得还不够深入。不过，我非常愿意学习和了解这方面的知识。"然后，你可以补充一些你擅长的领域来展示你的学习能力和对新技术的兴趣。

（五）胜在细节，温故而知新

有时候，面试成败在于细节。着装、言语、举止得体，这些都可以加不少分。同时，对于你所应聘的公司和岗位，做足功课也是很重要的，可以在回答问题时巧妙地展示出来。例如，你可以在回答问题时提道："贵公司刚刚推出的某某产品，我特别关注，因为……"这样不仅表明你对公司有深入的了解，还可以引起面试官的兴趣。

（六）保持自信，展现热情

最后也是最重要的一点，就是保持自信和热情。面试官不仅仅看你的技能水平，还会注意你的态度和心态。坐姿端正，眼神坚定，语气平和但充满热情，这些都会给面试官留下深刻的印象。

成长链接 ▶

从学生到职场的转折点：关键时刻如何胜出

一、毕业前的实习期

在毕业前期，许多高职学生都会经历一次甚至多次的实习。实习不仅是理论知识在现实中的应用，更是了解职业信息、熟悉职业环境及积累职业经验的绝佳机会。因此，在这个阶段，我们必须调整自己的心态与行为，不再以学生的角色，而应该站在职业人的角度，去面对和解决问题。

关键技巧一：以职业心态面对实习

首先，我们要意识到实习的本质是为了将自己融入职业环境。不要设置过多的心理障碍。你要站在单位负责人的角度去思考，积极主动地完成各项任务。许多实习生由于把自己定位为临时工而对工作心存轻视，这种态度无疑会错失很多宝贵的学习经验。相反，你应当表现出谦逊、积极的态度，与同事们和谐相处，主动请教并学习工作中关键的部分。只有通过实习的历练，才能逐步培养职业角色意识，为以后的职业选择减少盲目性，准确定位自己的能力与职业方向。

关键技巧二：积极沟通与汇报

你的领导和同事并不会自动关注你的工作状态，因此你需要主动与他们建立良好的沟通渠道。不要害怕汇报工作，适时与领导沟通你的任务完成情况，不仅是展现自己责任心的表现，也能得到领导的及时指导。当遇到不确定的问题时，不要自作主张，要及时向有经验的人请教。记住，职场不是一个人的战场，通过他人的帮助与指导，你会成长得更快。

二、入职后的岗前培训期

毕业典礼的余热未退，你可能就已经开始了新单位的岗前培训。尽管这段时间可能短暂，但它对于你迅速适应新环境、融入职场团队至关重要。

关键技巧三：全面了解和适应新环境

岗前培训不仅是单位向新员工传授业务知识，更是展示公司文化、规章制度以及升职空间的重要平台。通过培训，你可以清晰了解单位的基本情况和职业发展路径，这对于你未来在公司的职业规划有着重要的指导意义。你可以把培训期间的每一个机会都视为了解公司文化的一环，与其他新入职的同事建立联系，提升团队凝聚力，快速形成良好的人际关系网。

关键技巧四：借学习扩展人脉

岗前培训也是充实自己专业知识和技能的重要机会。培训期间，多接触一些经验丰富的前辈，主动请教，建立联系。未来，你可能会在工作中遇到各种挑战和困难，而这些在培训期间建立的网络会为你提供宝贵的帮助和支持。

三、初入职场的适应期

随着岗前培训的结束，你会正式进入岗位，成为一名真正的职业人士。初入职场的适应期同样是关键的一步，你的表现将直接影响你的职业起点。

关键技巧五：迅速掌握工作流程

在适应期内，你需要迅速掌握工作流程和基本操作。不要害怕犯错，初学者出现失误是正常的，但重要的是要从中吸取教训。表现出主动学习和自我提升的态度，将有助于你在短时间内掌握岗位所需的技能。

关键技巧六：树立职业形象

除了技能的提升，树立良好的职业形象同样重要。从穿着打扮到言行举止，都要符合职场的规范和礼仪。让同事和上司看到你的专业态度和敬业精神，这将帮助你在单位内树立可靠、专业的形象。

关键技巧七：保持良好的工作习惯

不要忽视形成良好的工作习惯。这包括按时上下班、细致周全地完成每一个任务、时刻保持工作区域的整洁等。这些看似琐碎的习惯，其实对你职业生涯的顺利发展有着深远的影响。

青春训练营

个人职业探索活动：发现我的职业之路

参与者通过自我反思和市场研究，明确自己的职业兴趣、能力和潜在职业方向，为未来的职业生涯规划打下坚实的基础。

活动流程

第一步：自我反思

1. 记录我的兴趣

静下心来，思考并记录下自己真正热爱和感兴趣的事情。这些事情可能是你的爱好、你乐于投入时间的活动或者你特别关注的话题。

2. 分析我的性格与天赋

思考自己的性格特点，比如是否善于交际、细心、有创意等。考虑自己在哪些方面有特殊的才能或天赋，比如艺术、数学、语言等。

3. 评估我的技能

列出你已经掌握的技能，包括软技能（如沟通、领导力）和硬技能（如编程、设计）。评估这些技能在职场上的需求和价值。

第二步：职业研究

1. 探索潜在职业

基于你的兴趣、性格和技能，搜索可能的职业路径。使用在线职业数据库或招聘网站来了解这些职业的具体要求和发展前景。

2. 分析行业趋势

研究你感兴趣的职业所在行业的当前趋势和未来预测。了解这些行业的工作环境、薪资水平和晋升机会。

第三步：职业定位与规划

1. 确定短期目标

根据你的发现，设定一到两个具体的短期职业目标。制订实现这些目标的行动计划，包括学习新技能、参加相关课程或实习等。

2. 制订长期规划

思考你希望在未来的 5～10 年内达到什么样的职业高度。规划一条通往这个长期目标的路径，包括必要的教育、工作经验和技能提升。

3. 建立职业网络

开始建立或扩大你的职业网络，包括行业内的专业人士、校友或同行。参加行业活动、研讨会或在线社区，以增加曝光度和交流机会。

探索职业倾向：霍兰德兴趣岛屿测试

设想你获得了一个特别的假期，可以在以下六个各具特色的岛屿中选择一个生活半年，你会如何选择？这个选择完全基于你的兴趣和偏好，无须考虑其他因素。

1. 自然原始岛：此岛保持着完好的自然风光，拥有迷人的热带雨林和动植物园。岛上的居民善于手工艺，享受自给自足的生活，并对户外活动充满热情。

2. 静谧智慧岛：这是一个安静而深沉的岛屿，非常适合沉思和仰望星空。岛上遍布着天文观测站、科技研究中心和丰富的图书馆资源，居民们热衷于追求知识和与学者们进行深入的交流。

3. 创新与艺术岛：这个岛屿是艺术家和文学家的天堂，到处弥漫着艺术与音乐的氛围，能够不断激发人们的创造力。

4. 规则与秩序岛：现代化的城市景观，居民冷静且高效，擅长进行组织和管理。这里的金融和政务体系都非常完善。

5. 成功精英岛：这个岛屿经济繁荣，汇聚了众多企业家和政治家。高档消费场所随处可见，展现了成功人士的社交圈。

6. 和谐互助岛：这个岛屿的社区氛围非常温馨，居民们友善且乐于合作，特别重视人文关怀和服务精神。

请根据你的兴趣，依次选出你最想去的三个岛屿：

1. _____；

2. _____；

3. _____。

你的这三个选择将分别对应霍兰德职业兴趣理论的三大类型（第一个为主要兴趣，后两个为辅助兴趣）：

自然原始岛：现实型，喜欢户外和操作性工作，如农业、技术、工程等领域。

静谧智慧岛：研究型，热衷于分析、推理以及科学研究，如科学家、工程师等职业。

创新与艺术岛：艺术型，擅长创造和表达，如作家、艺术家、音乐家等职业。

规则与秩序岛：常规型，喜欢有序、规范的工作，如会计、秘书等职业。

成功精英岛：企业型，具备领导和说服能力，适合管理、销售等职业。

和谐互助岛：社会型，乐于助人，适合从事教育、心理咨询等服务性工作。

●●●● 精彩"心"赏 ●●●●

《中国奇谭·小妖怪的夏天》

《中国奇谭》中的小妖怪的夏天故事，以小猪妖的职场经历为线索，生动展现了职场中的种种现象，对于即将步入社会的大学生来说，具有深刻的启迪意义。

1. 职场中的定位与认知

小猪妖作为底层小妖，其在职场中的定位明确但地位较低。这反映了职场中普遍存在的层级结构，新员工或基层员工往往需要从基础做起，逐步积累经验和提升地位。对于大学生而言，初入职场时应保持谦逊，认清自己的位置，努力学习和提升。

2. 职场中的创新与规范

在制作羽毛箭的情节中，小猪妖尝试创新，以提高箭的命中率，却遭到上级的否定。这揭示了职场中创新与规范之间的张力。创新是推动进步的重要力量，但必须符合职场的规范和期望。大学生在工作中应注重培养创新思维，同时了解并遵守职场规则。

3. 职场中的资源与利用

熊教头利用小猪妖的鬃毛刷锅的情节，象征了职场中资源的利用与消耗。在某些情况下，员工可能被视为实现组织目标的"资源"。大学生应意识到在职场中保护自己的重要性，合理规划个人职业发展，避免被过度消耗。

4.职场中的目标与压力

故事中提到的动辄 1 000 斤的柴火和 2 000 斤的胡桃木等不切实际的目标，反映了职场中领导层可能设定不合理的目标。这对员工造成了巨大的压力。大学生在面对职场压力时，应学会合理评估任务难度，与上级沟通并寻求支持。

5.职场中的人际关系与沟通

小猪妖与乌鸦怪的互动及他们与上级的沟通方式，揭示了职场中人际关系的重要性。有效的沟通能够帮助员工更好地完成任务、解决问题并建立良好的人际关系。大学生应注重提升沟通技巧，以更好地适应职场环境。

综上所述，《中国奇谭·小妖怪的夏天》通过生动的故事情节，为大学生提供了丰富的职场启示。从职场定位、创新与规范、资源利用、目标与压力到人际关系与沟通等方面，都值得我们深入思考和借鉴。